Hüseyin Karateke

Conceção de um teclado de dois dedos para a língua turca

Hüseyin Karateke

Conceção de um teclado de dois dedos para a língua turca

Interação Homem-Computador

ScienciaScripts

ÍNDICE DE CONTEÚDOS

RESUMO

DESIGN DE TECLADO DE DOIS DEDOS PARA TURCO LÍNGUA

O problema da afetação quadrática (QAP) pode ser aplicado na maioria das áreas de aplicação, como a conceção da localização de instalações, a programação e a análise de dados estatísticos. Por conseguinte, este problema tem sido estudado sobretudo pelos investigadores. Até à data, os investigadores desenvolveram muitas técnicas de solução para resolver este problema. Uma das aplicações mais populares do QAP é o problema da disposição do teclado virtual de um só dedo. Os telefones inteligentes e os assistentes pessoais digitais (PDA) desenvolveram-se rapidamente para facilitar a utilização de tecnologias como o correio eletrónico e as mensagens de texto. Recentemente, os PDA e os telemóveis inteligentes utilizam teclados virtuais para introduzir documentos de texto em vez de teclados de hardware convencionais. Nesta tese, a disposição do teclado com dois dedos é analisada para desenvolver uma melhor disposição do teclado neste novo ambiente. O modelo QAP para o problema, desenvolvido por Mete & Agpak (2012), é linearizado e é desenvolvido um procedimento de algoritmo genético. As técnicas de solução desenvolvidas são aplicadas para encontrar uma nova disposição de teclado virtual para a língua turca. Em primeiro lugar, o algoritmo genético é executado e a solução encontrada é dada ao modelo de algoritmo exato como solução inicial para encontrar uma solução óptima. Por fim, a disposição do teclado virtual de dois dedos encontrada é comparada com os teclados F e QWERTY com base em testes de usabilidade, taxa de erro, velocidade de digitação e factores de aprendizagem.

Palavras-Chave: problema de disposição do teclado com dois dedos, problema de atribuição quadrática, algoritmo genético, teclado virtual.

Para a minha família

AGRADECIMENTOS

Dr. Khrşad AGPAK, que não esconde a sua paciência e apoio na avaliação dos resultados da minha tese, intitulada **"Design de teclado de dois dedos para a língua turca"**. Dr. Türkay DERELi pelo seu encorajamento, orientação valiosa, apoio e sugestões ao longo deste estudo.

Dr. Cem GLMAOGfL e ao Prof. Dr. Serap ULUSAM SEÇKiNER pelos seus valiosos comentários e sugestões.

Gostaria de exprimir a minha gratidão aos meus colegas Zülal DiRi, Ekrem TEKiN, M. Tugrul OZEN e ao meu irmão Harun KARATEKE, que não se esquece do seu trabalho e do seu apoio.

Gostaria de agradecer a todas as pessoas do Departamento de Engenharia Industrial pelo seu apoio e ajuda durante o meu estudo. Um agradecimento especial ao Assistente de Investigação Süleyman METE pela sua orientação útil e sugestões valiosas.

Gostaria também de agradecer ao meu precioso amigo Arif DURAMAZ por me ter apoiado durante a redação do código MATLAB.

Por último, um agradecimento muito especial à minha família pelo seu apoio inseparável e pelas suas orações.

LISTA DE ABREVIATURAS

PDA	Portable Digital Assistant
GSM	Global System for Mobile Communications
RCS	Rich Communication Services
QAP	Quadratic Assignment Problem
TFSKL	Two Finger Stylus Keyboard Layout
SCK	Single Character Keyboard
MCK	Multi Character Keyboard
SFK	Single Finger Keyboard
MFK	Multi Finger Keyboard
WPM	Words Per Minute
CTF	Character Transition Frequency
FANT	Fast Ant System
ANN	Artificial Neural Networks
SA	Simulated Annealing
ACO	Ant Colony Optimization
SS	Scatter Search
GA	Genetic Algorithms
GRASP	Greedy Randomized Adaptive Search Procedure
RTS	Robust Tabu Search
HAC	Hybrid Ant Colony
PSO	Partical Swarm Optimization

CMB   Carraresi and Malucelli

HGB, HGB' Hahn and Grant

AJB, AJB' Adams and Johnson

GLB   Gilmore- Lawler

KAP   Keyboard Arrangement Problem

GQAPs   Generalized Quadratic Assignment Problems

ILP   Integer Linear Programming

GAMS   General Algebraic Modeling System

MATLAB   Matrix Laboratory

QAPLIB   Quadratic Assignment Problem Library

QCP   Quadratically Constraint Programming

CLP   Constraint Linear Programming

MIP   Mixed-Integer Programming

LP   Linear Programming

ACM   Activity Cost Method

MM   Mathematical Modelling

ED   Experimental Design

NT   Numerical Technique

MH   Meta Heuristics

FR   Fitt's Rule

MM   Metropolis metodu

TS   Tabu Search

DS   Dynamic Simulation

EA   Evolutionary Algoritm

CAPÍTULO I INTRODUÇÃO

O desenvolvimento contínuo dos telemóveis inteligentes e dos PDA (assistentes digitais portáteis) tem vindo a tornar a comunicação mais fácil e mais rápida nos últimos tempos. De acordo com a Associação GSM (Global System for Mobile Communications), foram enviadas 9,6 biliões de mensagens em todo o mundo em 2012 e estima-se que esse número de mensagens atinja os 28,6 biliões em 2067. De acordo com dados da RCS (Rich Communication Services), prevê-se que o rendimento das taxas de comunicação seja de 1,6 mil milhões de dólares entre 2012 e 2016 (GSM, 2013). A utilização de dispositivos de comunicação móveis portáteis, como os telemóveis inteligentes e os PDA, está a aumentar rapidamente de dia para dia. As vantagens crescentes das tecnologias da comunicação e da informação também alteraram os métodos de introdução de dados. Os teclados de hardware mudaram para teclados virtuais. Por conseguinte, a conceção de teclados virtuais é a área mais popular para os investigadores. Na literatura, os teclados virtuais foram concebidos para um único dedo. Este problema de arranjo do teclado de um só dedo é geralmente formulado utilizando o modelo clássico do Problema de Atribuição Quadrática (QAP).

O QAP é o problema combinatório mais popular da classe NP-difícil (Loila et al., 2007). Existem várias áreas de aplicação do QAP. Tais aplicações incluem a disposição de hospitais, a localização de instalações, a análise combinatória de dados, a programação, a localização de placas de circuitos, a atribuição de turmas e escolas, a análise de dados estatísticos e a computação paralela e distribuída (Loila et al., 2007). A maioria dos investigadores tem estudado diferentes métodos para resolver QAP. Alguns desses métodos são a linearização, a redução de fórmulas, as técnicas de solução heurística e as técnicas de solução exacta.

A disposição do teclado QWERTY foi concebida para a língua inglesa e o teclado F foi concebido para a língua turca. Se os utilizadores quiserem introduzir rapidamente documentos de texto, devem utilizar um programa de formação para estes teclados. Os utilizadores principiantes não podem introduzir rapidamente documentos de texto utilizando estes teclados. Os layouts de teclado de um só dedo foram concebidos para os utilizadores principiantes. Com efeito, os utilizadores principiantes utilizam apenas um dedo para introduzir o texto. Existem muitas disposições de teclados de um só dedo na literatura. Nesta tese, a disposição de dois dedos do teclado foi concebida para que os utilizadores principiantes possam introduzir rapidamente documentos de texto. A disposição de dois dedos foi modelada pelo modelo QAP de Mete & Agpak (2012). A diferença entre o QAP clássico e o modelo QAP de Mete & Agpak (2012) é explicada de seguida. O QAP clássico tem dois argumentos principais. Estes argumentos são as instalações e a localização. O QAP clássico é modelado como uma zona de localização única e completa. Mas o modelo QAP de Mete & Agpak (2012) tem duas zonas de localização. No nosso estudo, não existem diferenças em termos de instalações, mas a zona de localização atribuída está dividida em duas partes. Esta divisão da localização permite conceber o Two-Finger Stylus Keyboard Layout (TFSKL).

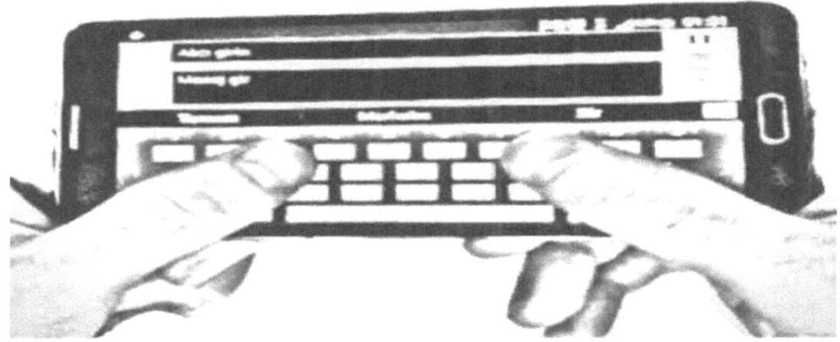

Figura 1.1 Layout do teclado com caneta Stylus de dois dedos

Há cinco passos para conceber a TFSKL. A primeira etapa da conceção da TFSKL é a suplementação de dados. O suplemento de dados divide-se em duas partes. Uma parte do suplemento de dados é a frequência do número de caracteres. Os caracteres são retirados da Internet. A outra parte do suplemento de dados é a distância entre as chaves e é definida. As distâncias calculadas entre as chaves baseiam-se na disposição definida. O segundo passo da conceção do TFSKL é a solução QAP. O modelo QAP linearizado de Mete & Agpak (2012) é utilizado para resolver o TFSKL. No entanto, a solução óptima é impossível através da utilização de algoritmos exactos devido à complexidade do QAP, que é superior a 30 (Ji et al., 2006). Por conseguinte, na literatura, foram desenvolvidos vários métodos heurísticos para encontrar soluções, tais como o algoritmo de pesquisa tabu, o algoritmo genético, o recozimento simulado, o método de otimização por enxame de partículas e o algoritmo de colónia de formigas. Nesta tese, é desenvolvido um novo algoritmo genético para resolver o TFSKL. O algoritmo genético (AG) encontra uma solução para o TFSKL. Este algoritmo genético é codificado com recurso ao MATLAB (Matrice Laboratory). A solução é obtida a partir do MATLAB. Após a solução ter sido obtida a partir do AG, a solução encontrada foi dada ao modelo QAP linearizado como solução inicial para encontrar a solução óptima. Este modelo QAP linearizado não encontra uma solução melhor do que a solução encontrada com o GA. No terceiro passo da conceção do TFSKL, é apresentado o TFSKL proposto. Na quarta etapa, o pacote e o módulo extra do teclado proposto podem ser utilizados em computadores, telemóveis inteligentes Android e PDAs. O quinto passo da conceção do TFSKL é a análise da usabilidade e as comparações. O teclado proposto, o teclado F e o teclado QWERTY são comparados entre si através da análise de usabilidade. De acordo com a análise de usabilidade, o teclado proposto é melhor do que o teclado F. Além disso, são aplicados factores de aprendizagem para comparar o teclado QWERTY e o teclado proposto.

Esta tese está dividida em seis capítulos. No primeiro capítulo, o objetivo principal e o tema da tese são apresentados de forma sucinta.

No capítulo 2, são apresentados os antecedentes do conhecimento sobre o QAP. Existem dois subtemas principais. São eles o problema da atribuição quadrática e o problema da disposição do teclado. O tema do problema de disposição do teclado tem quatro subtemas. São eles: métodos de introdução de dados, tipos de teclados, teclados virtuais e métodos de solução para o problema de disposição do teclado. O título dos teclados virtuais tem um subtítulo. O nome deste subtítulo é critérios de desempenho para comparar teclados. O tema do problema de atribuição quadrática tem um subtema. O nome do subtítulo é métodos de solução para o problema de atribuição quadrática.

No Capítulo 3, a definição do problema e a formulação matemática do problema de atribuição quadrática são descritas em pormenor. A importância da tese é explicada neste capítulo.

No Capítulo 4, a abordagem heurística do algoritmo genético é explicada em pormenor. A metodologia e o pseudo-código do algoritmo genético são apresentados neste capítulo.

No Capítulo 5, é aplicada a disposição do teclado de dois dedos para a língua turca. Nesta secção, são explicados em pormenor os cinco passos da disposição do teclado de dois dedos.

Finalmente, no Capítulo 6, são discutidas as conclusões e os trabalhos futuros sobre o modelo QAP linearizado de Mete & Agpak(2012) e o novo layout de teclado projetado.

CAPÍTULO II HISTORIAL DOS CONHECIMENTOS

Nesta secção, foram estudados dois temas principais. São eles o problema da disposição do teclado e o problema da atribuição quadrática. Estes temas foram explicados em pormenor neste capítulo.

2.1 Métodos de introdução de dados

Neste século, os dispositivos móveis são geralmente utilizados como método de introdução de dados em vez de computadores. Os tipos de métodos de introdução de dados são os teclados físicos, o reconhecimento de voz, os teclados virtuais e a escrita manual. Os métodos de introdução de dados podem ser examinados nos estudos de Karat et al. (1999), Zhai et al. (2000) e Zhai et al. (2002a). Os teclados, a escrita à mão e as técnicas de reconhecimento vocal são explicados sucintamente nos parágrafos seguintes.

Os teclados estão presentes na nossa vida. Por exemplo, os teclados dos computadores, os teclados dos telefones, os teclados dos telemóveis inteligentes e os teclados dos PDA. Estes exemplos estão disponíveis a toda a hora na nossa vida. O tamanho dos teclados físicos é um problema importante para os telefones, os PDA e os telemóveis inteligentes. Na literatura, existem duas técnicas para reduzir o tamanho do teclado. A primeira técnica consiste em reduzir o tamanho de cada tecla. Esta técnica pode ser vista nos dicionários electrónicos. A introdução de dados é lenta e difícil devido ao tamanho reduzido das teclas. A segunda técnica consiste em utilizar os blocos numéricos nos telefones, em que os números pertencem a mais letras. A aplicação mais conhecida desta técnica são os teclados dos telefones. Esta disposição reduz a dimensão do teclado físico.

O reconhecimento da escrita manual é a escrita efectuada com a mão e não com o teclado. A razão mais importante para utilizar o reconhecimento da escrita manual é a redução da taxa de erro. Se for utilizado um teclado de hardware para introduzir dados, a taxa de erro é superior à do reconhecimento da escrita manual (Zhai et al. ,2002a). A caligrafia humana não é simultaneamente legível e rápida. A velocidade da escrita à mão é inferior à do teclado, pelo que esta técnica de introdução de dados não se encontra generalizada no mercado comercial.

O reconhecimento de voz (fala) é outra técnica de dactilografia diferente. Karat et al. (1999) investigaram e desenvolveram o reconhecimento vocal. As taxas de introdução de texto do reconhecimento de voz e do teclado foram medidas em 13,6 vs. 32,5 palavras por minuto (wpm), respetivamente. Como demonstrado, o reconhecimento de voz é mais lento do que o teclado. Para além disso, o reconhecimento de voz é descrito como um "falar e pensar" e o teclado como um "escrever e pensar". O "escrever e pensar" é mais fácil do que o "falar e pensar".

2.2 Tipos de teclados

Os tipos de teclados são explicados de forma sucinta. Na literatura, os teclados são divididos em quatro tipos diferentes por Yin et al., (2011). São eles o teclado de um só carácter (SCK), o teclado de vários caracteres (MCK), o teclado de um só dedo (SFK) e o teclado de vários dedos (MFK), respetivamente (Yin et al., 2011).

O SCK, que localiza um carácter em cada tecla, foi durante muito tempo o mais vendido no mercado. O teclado QWERTY é um teclado de carácter único concebido em 1873. O nome deste teclado vem das suas primeiras seis letras no layout. Além disso, o teclado QWERTY não aumentou a velocidade de digitação, pelo que a digitação lenta permite prolongar a vida útil do teclado (Yin et al., 2011). Os critérios ergonómicos foram considerados pela primeira vez pelo designer do teclado Dvorak ao conceber o teclado SCK (Dvorak et al., 1936). Cassingham (1986) desenvolveu o teclado Dvorak em 1932. Os critérios ergonómicos discutidos são variáveis de interação entre o homem e o computador. Estas variáveis são a utilização da linha inicial, a frequência dos dígrafos e a facilidade de aprendizagem. O teclado Dvorak foi concebido para a língua inglesa.

O MCK, que coloca mais caracteres em cada tecla, tem sido utilizado como teclado telefónico. A conceção do SCK é mais extensiva ao teclado dos telefones inteligentes para o método de introdução de dados, mas este tipo de teclado não tem sido utilizado neste século. A disposição do teclado do telefone tem um tamanho reduzido devido a restrições de produção (Yin et al., 2011). Estas restrições de produção são o tamanho do telefone e o tamanho do ecrã, de acordo com o sistema de produção do século XX. Por conseguinte, o designer tenta utilizar menos teclas para localizar todas as letras. Para resolver este grande problema, o designer encontrou o design MCK.

O SFK é um dos modelos de teclado virtual. Em geral, os PDA e os telemóveis inteligentes utilizam teclados virtuais para introduzir documentos de texto neste século. A conceção do SFK inclui três questões principais. Estas questões são, respetivamente, a forma do teclado, o tempo de movimento dos dígrafos e a frequência de transição de caracteres (CTF). Estas questões são explicadas em pormenor neste capítulo. Na literatura, alguns SFKs são o FITALY, o OPTI, o Metropolis, o Hooke e o ATOMIK (Mackenzie&Soukoreff, 2002; Zhai et al., 2002a, b).

O MFK é a outra conceção de teclados virtuais. Ao conceber o MFK, o designer tenta reduzir a eficácia da postura desconfortável durante muito tempo e as lesões musculares. Estes efeitos são problemas muito importantes para a conceção ergonómica. Para mais pormenores sobre estes problemas, consultar os estudos de Tittiranonda et al. (1999), Eggers et al. (2003) e Tomatis et al. (2009). O principal objetivo do MFK é aumentar a capacidade de aprendizagem e a velocidade de digitação, mas o MFK não tem sido o design de teclado virtual mais conhecido no mercado comercial e na literatura.

2.3 Teclados virtuais

A introdução de dados com recurso a um teclado de hardware é ergonomicamente bastante difícil devido ao tamanho dos dispositivos móveis, à portabilidade e à postura desconfortável. (Sarcar et al., 2010). Estes pontos fracos do teclado de hardware são atractivos para os investigadores conceberem um teclado virtual. Os investigadores conceberam um teclado virtual em vez de um teclado de hardware para um método de introdução de dados eficaz e ergonómico. A pesquisa bibliográfica mostra que os investigadores se concentraram recentemente nos teclados virtuais baseados na caneta. Para mais pormenores sobre o teclado virtual, consultar os estudos de Getschow et al. (1986), Lewis et al. (1999), MacKenzie & Zhang (1999), Zhai et al. (2000), Sears et al. (2001) e MacKenzie & Soukoreff (2002). Na literatura, existem muitos teclados virtuais para a língua inglesa. Os layouts de teclado Opti (MacKenzie & Zhang, 1999), Metropolis (Zhai et al., 2000), Ylarof (Li et al., 2006) e Fitaly (Fitaly, 2013) foram concebidos para a língua inglesa.

Em alguns estudos, são concebidos diferentes teclados tendo em conta diferentes critérios ergonómicos. Os teclados ergonómicos mencionados abaixo foram concebidos como um teclado virtual. Para mais pormenores sobre a postura do pulso, a postura do antebraço, a tensão muscular, a postura do polegar e outros critérios ergonómicos, consultar os estudos de Cooper (1983), Wagner&Kehl (2000), Wagner et al. (2001), Eggers et al. (2003), Rempel et al. (2007), Galen et al. (2007), Filgueiras et al. (2008), Hogg et al. (2010), Huang & Wu (2012) e Trudeau (2013).

Eggers et al. (2003) optimizaram o problema da disposição do teclado utilizando o algoritmo de colónia de formigas. A função de avaliação foi determinada através de critérios ergonómicos. Estes critérios são os seguintes

> Acessibilidade e carga; a acessibilidade de todas as chaves não é igual. Algumas são mais acessíveis do que outras. Todos os dedos estão expostos de forma equitativa à carga total distribuída. Para calcular a pontuação da acessibilidade e da carga, o estudo apresentado apresenta uma tabela com a distribuição óptima da carga total para cada tecla.

> Número chave; é calcular e minimizar o número total de acertos. O número total de acertos é calculado através de uma fórmula. A fórmula é o número total de caracteres do texto escrito dividido pelo número total de teclas premidas no texto escrito. Por exemplo, o número total de caracteres no texto escrito é de vinte caracteres (a, b, c, d, e), mas o número total de toques nas teclas desses vinte caracteres é trezentos e cinquenta. O número total de acertos é trezentos e cinquenta dividido por vinte. Este critério é geralmente utilizado para modelar os diferentes problemas de arranjo do teclado (KAP).

> Utilização consecutiva do mesmo dedo; o outro nome das teclas consecutivas é digrafo. O mesmo dedo não deve tocar nas teclas do digrafo. Este critério é calculado através da multiplicação de dois números. Estes dois números são as frequências dos dígrafos escritos pelo mesmo dedo e as distâncias entre as teclas dos dígrafos. Este critério é o mais importante para os dedos.

> Alternância de mãos; se os dedos da mesma mão tocarem em teclas consecutivas, a velocidade de dactilografia é mais lenta do que a utilização da mão alternativa. Por isso, este critério deve ser minimizado. A alternância de mãos calcula a soma da frequência dos dígrafos escritos pela mesma mão.

> Evitar passos largos; se a mesma mão tocar nas teclas do dígrafo, e não o mesmo dedo da mesma mão, a distância vertical entre estas teclas do dígrafo deve ser igual ou superior a uma fila. Há três filas no teclado longitudinal clássico. Os dedos da mesma mão devem tocar nas teclas. As distâncias verticais destas teclas são iguais ou superiores a uma linha.

> Direção de batida; se o dígrafo for escrito pela mesma mão, a sequência dos dedos da mesma mão deve ser do dedo mindinho para o polegar. Esta sequência é um problema experimentado pela maioria das pessoas. A maioria das pessoas escreve facilmente um determinado texto utilizando esta sequência de dedos (Eggers et al., 2003). A tabela deste critério apresenta o coeficiente dos dedos da mesma mão no estudo apresentado.

> Pontuação global; todos os critérios acima referidos têm um intervalo diferente. Os intervalos são determinados pelos investigadores. O número total de intervalos é um O significado dos diferentes intervalos é que as importâncias dos critérios não são as mesmas, têm diferentes intervalos de importância de acordo com estes critérios ergonómicos. As pontuações de todos os critérios são divididas pelos respectivos intervalos de importância. Os últimos números são acumulados para calcular a pontuação global. O principal objetivo deste método é minimizar esta pontuação global.

Hogg (2010) estudou o teclado ergonómico para os polegares. Os principais objectivos deste estudo são;

> para determinar se os participantes utilizam a maioria dos métodos de introdução de texto,

> para determinar se a cinemática, o esforço físico e o desempenho da velocidade de dactilografia são afectados por estes métodos de introdução de dados,

> para determinar se a posição da tecla e a direção do polegar são relativamente afectadas pelas dificuldades da tarefa e pelo desempenho da velocidade de dactilografia,

> para determinar se o desempenho é afetado pelo tipo e forma do dispositivo.

De acordo com Hogg (2010), existem três critérios principais. Estes critérios são o desempenho, o conforto e a cinemática. Neste estudo, são comparados quatro designs de teclado. Um deles é um telefone inteligente e três deles têm layouts diferentes e não são do mesmo tamanho. Estas disposições são o design flip ou clamshell, um dispositivo do tipo PDA e um telemóvel com teclado QWERTY. Os tempos experimentais dos ângulos das articulações carpometacarpiana, metacarpofalângica e interfalângica do polegar, bem como o movimento do pulso, foram registados utilizando pequenos fabricantes de superfícies e um sistema optoelectrónico de captura de movimentos. A cinemática do polegar foi normalizada para a amplitude máxima de movimento de cada articulação. Neste estudo, pode ver-se o movimento do polegar e o nome dos ossos do polegar. A velocidade de escrita dos telemóveis inteligentes é a mais rápida. Esta velocidade de escrita é útil para os utilizadores que têm uma postura desconfortável do polegar. O esforço físico dos telemóveis inteligentes é menor do que o dos outros aparelhos. Os telemóveis flip phone têm a velocidade de dactilografia mais baixa e o esforço mais elevado.

Huang & Wu (2012) estudaram a tentativa de aplicar considerações ergonómicas na conceção de um teclado ambíguo. Este estudo apresentado pode ser analisado em termos de considerações ergonómicas. Existem três teclados ambíguos diferentes do teclado QWERTY clássico. São eles o NineType, o TenGo e os teclados QWERTY clássicos.

O NineType é um teclado em que o teclado QWERTY clássico está dividido em nove parciais e o TenGo é um teclado em que o teclado QWERTY clássico está dividido em seis parciais. O critério de comparação mais importante é o tempo de reação para todos os teclados comparados e os outros critérios são o desempenho e as taxas de erro. O teclado NineType concebido, que tem em conta estas abordagens, é comparado com os teclados TenGo e QWERTY. O teclado NineType tem o tempo de reação mínimo e o melhor desempenho de acordo com os outros teclados. Os participantes que dactilografam com o teclado QWERTY apresentam o pior desempenho do que os outros teclados. O teclado NineType tem melhor desempenho do que o teclado TenGo. O outro critério de desempenho são as taxas de erro para estes três teclados. O teclado TenGo tem as melhores taxas de erro e o teclado QWERTY tem as piores taxas de erro.

Trudeau (2013) estudou os efeitos da configuração do teclado do tablet na digitação com o polegar. Os critérios considerados para a conceção da forma do teclado são a velocidade de digitação, o desconforto dos polegares, a dificuldade das tarefas e a postura dos polegares/punhos. Os testes ergonómicos e as experiências são utilizados para determinar a postura ergonómica do polegar/pulso e para conceber formas de teclado. Após a aplicação dos testes, foram concebidas diferentes formas de teclado no estudo apresentado. As formas de teclado concebidas são a disposição média do teclado, a orientação retrato e a orientação paisagem. A disposição intermédia do teclado e a orientação retrato foram concebidas para uma velocidade de escrita mais rápida, menos desconforto e menos dificuldade na tarefa. As diferentes formas do teclado devem exigir diferentes posturas de alcance do polegar. As posturas incómodas e o maior alcance do polegar têm um impacto negativo na usabilidade e no desempenho do utilizador. O resultado de Trudeau (2013); a orientação vertical, a orientação horizontal e a forma clássica do teclado são dispositivos de dactilografia. Ao utilizar estes dispositivos, os participantes referiram sentir menos desconforto. Os dispositivos de orientação paisagem, e não os dispositivos de orientação retrato, diminuem o desconforto das tarefas e a dificuldade das tarefas. Por último, a conceção de um teclado para tablet orientado para o polegar aumenta o desempenho se as teclas estiverem localizadas em locais acessíveis para os designers. Os resultados das experiências mostram que o desempenho do teclado de interação com o polegar concebido é aceitável e razoável. Assim, os parâmetros, requisitos e atributos definidos para o dispositivo de interação com o polegar são aceitáveis para conceber o melhor teclado de interação com o polegar.

2.3.1 Critérios de desempenho para comparação de teclados virtuais

Os objectivos gerais da conceção de um teclado virtual são minimizar a multiplicação de dois números, tais como as distâncias entre teclas relacionadas no layout e as frequências entre caracteres relacionados na língua. Esta minimização é importante para desenvolver a velocidade de dactilografia, melhorar a curva de aprendizagem e diminuir as taxas de erro (Norman & Fisher, 1982).

Os teclados Opti (MacKenzie & Zhang, 1999), Metropolis (Zhai et al., 2000), Ylarof (Li et al., 2006) e Fitaly (Fitaly, 2013) foram concebidos para a língua inglesa. Estes teclados são comparados em termos de velocidade de dactilografia, curva de aprendizagem e taxas de erro. Para mais pormenores sobre o desempenho da dactilografia e o conforto do utilizador, consultar os estudos de Li et al. (2006) e Sarcar et al. (2010).

Li et al. (2006) estudaram a disposição dos caracteres para otimizar o conforto da pessoa e o desempenho da digitação. Alguns dos objectivos deste estudo são a minimização do tempo de movimento, a maximização da frequência de transição de caracteres (CTF) e as formas do teclado. No seu estudo, foi desenvolvido um novo algoritmo para conceber novas disposições de teclado. Neste estudo, foram propostas três disposições de teclado (I= "RANI"; II= "YLAROF"; III= "HERF"). O desempenho dos teclados RANI, YLAROF, HERF, QWERTY, DVORAK e METROPOLIS foi comparado entre si, utilizando o método de introdução de texto durante vinte casos de teste. Finalmente, o teclado YLAROF foi o melhor layout de arranjo de teclado de acordo com os resultados do teste de desempenho.

Sarcar et al. (2010) conceberam uma disposição de teclado para a língua bengali. Existem algumas diferenças entre a língua inglesa e a língua bengali na conceção da disposição do teclado. Essas diferenças são a exploração do espaço de desenho e o número de conjuntos de caracteres. A resolução destas diferenças é mais difícil do que na língua inglesa, devido à grande quantidade de caracteres complexos na língua bengali. No estudo apresentado, foram utilizados diferentes layouts de teclados virtuais populares. Estes teclados são o Dvorak, o Fitaly, o Opti, o Cirrin, o Lewis e o Hooke. Estes teclados foram concebidos para

Línguas inglesa e bengali. Foram utilizadas técnicas de avaliação para comparar o desempenho dos teclados. As técnicas de avaliação são as seguintes

Tempo de movimento de Z' utilizando a lei de Fitt

J tempo de pesquisa visual utilizando a lei de Hick-Hayman

J probabilidade do dígrafo utilizando o modelo do dígrafo de frequência ou palavras por minuto (WPM).

As técnicas de avaliação de Sarcar et al. (2010) mostraram que os layouts de teclado virtual comuns não são diretamente aplicáveis à língua bengali. Foram aplicados alguns passos para conceber o teclado para a língua bengali. Estas etapas consistem em agrupar os diferentes tipos de caracteres, posicionar os caracteres normais e posicionar os caracteres inflexíveis. Por último, o estudo apresentado mostra a disposição do teclado proposta para a língua bengali.

A medição do desempenho dos teclados é uma questão importante para comparar teclados. Todos os criadores de teclados querem saber se o desempenho do novo teclado concebido é melhor do que o de teclados semelhantes. O estudo sobre a medição do desempenho dos teclados virtuais foi escrito por Mac Keinz et al. (2002). Existem quatro técnicas de medição do desempenho dos teclados virtuais na literatura. A primeira técnica de comparação do desempenho dos teclados é a simulação assistida por computador. Este método utiliza a lei de Fitt para definir o tempo de introdução de dados. Para mais pormenores sobre a utilização da lei de Fitt e a comparação do desempenho dos teclados, consultar os estudos de Zhai et al. (2000), Smith & Zhai (2001), Zhai et al. (2002a), Kristensson & Zhai (2005), Francis & Oxtoby (2006), Li et al. (2006) e Soydal (2010). O desempenho dos utilizadores em termos de velocidade de dactilografia é previsto utilizando o modelo digráfico de Fitt e a frequência digráfica nos estudos de Zhai et al. (2000), Zhai et al. (2002b).

A previsão do movimento humano é a questão mais importante em ergonomia. A lei de Fitts é a técnica mais conhecida para prever o tempo de movimento humano na ergonomia e na ciência da interação homem-computador. Por conseguinte, a lei de Fitts pode ser examinada em pormenor para compreender a previsão do tempo de movimento humano. O tempo de movimento necessário é rapidamente previsto através da lei de Fitts. A função requer a distância entre a posição de dois alvos e o tamanho de dois alvos. A lei de Fitts foi proposta por Paul Fitts em 1954. A lei de Fitts foi utilizada para modelar o contacto físico ou virtual com um dedo ou uma mão. A formulação da lei de Fitts tem formas matematicamente diferentes. A formulação mais conhecida é a formulação de Shannon. Esta fórmula foi proposta pelo professor Scott MacKeinze da Universidade de York. Todos os investigadores podem ver a rapidez e a precisão desta equação. A formulação de Shannon é explicada numa única dimensão para o movimento:

$$T = a + b * ID = a + b * \log_2\left(\frac{2D}{W}\right)$$

onde:

- T é o tempo médio de deslocação. (O símbolo de utilização mais conhecido de T é MT. O significado de MT é tempo de movimento).

- a é a hora de arranque e de paragem do dispositivo

- b é o declive da velocidade. b mostra que 1/velocidade. As constantes a e b podem ser utilizadas experimentalmente para ajustar os dados medidos em linha reta.

- D é a distância entre o centro do alvo e o centro do ponto de partida. (O símbolo mais conhecido é A em vez de D. O significado de A é amplitude de movimento.

- Wis a largura entre dois pontos ao longo do eixo do movimento. O outro significado de W é uma tolerância de erro na posição do alvo quando o ponto de movimento do alvo deve diminuir $\pm /^W{}_2$ do centro do alvo.

- ID é o índice de dificuldade. Este termo depende apenas do rácio entre a distância e a largura.

Nesta tese, a Lei de Fitts não foi utilizada para comparar os desempenhos dos teclados, porque a largura entre dois pontos varia de dispositivo para dispositivo. A largura é diferente para todos os dispositivos e todas as dimensões dos ecrãs.

A segunda técnica de comparação do desempenho dos teclados é o método de simulação dinâmica. Para mais pormenores sobre o método de simulação dinâmica, consultar os estudos de Zhai et al. (2002b), Soydal (2010), Kristensson & Zhai (2005). Em primeiro lugar, deve ser selecionado um texto para calcular a distância média por digrafo. Os dígrafos disponíveis devem ser determinados no texto selecionado. O número de ocorrências desses digrafos e a distância total entre eles devem ser calculados. A função objetivo do método de simulação dinâmica é a distância total entre estes digrafos dividida pelo número de ocorrências destes digrafos. Esta função objetivo deve ser a minimização da distância média por digrafo.

A terceira técnica de comparação do desempenho dos teclados é o traçado da curva de aprendizagem. Para mais pormenores sobre o traçado da curva de aprendizagem, consultar MacKenzie & Zhang (1999),

Estudos de Zhai et al. (2000), Anderson et al. (2009), Soydal (2010), Sarcar et al. (2010) e Hsiao et al. (2013). Cada pontuação de velocidade de dactilografia é marcada com um ponto no gráfico para cada sessão. Todos os pontos são unidos para traçar a curva de aprendizagem. Esta técnica pode ser utilizada para compreender se a pontuação da velocidade de dactilografia aumenta ou não.

A quarta técnica de comparação do desempenho dos teclados é o teste de usabilidade. A velocidade de dactilografia e a taxa de erro são os parâmetros do teste de usabilidade. Os conceitos de velocidade de dactilografia e de taxa de erro são explicados em pormenor a seguir. Os outros nomes da velocidade de dactilografia são tempos de introdução de texto, velocidade de introdução e taxa de introdução de texto (Hsiao et al., 2013). A velocidade de dactilografia pode ser definida como a introdução de palavras por minuto (WPM). A velocidade de digitação pode ser calculada como o número de caracteres introduzidos dividido pelo tempo total de resposta (em minutos). Para mais pormenores sobre a velocidade de digitação, consultar o estudo de Rempel et al. (2007). As palavras de entrada de texto também podem ser seleccionadas a partir de alguns textos. Estes textos podem ser seleccionados de acordo com a língua utilizada no teclado. Por exemplo, se o teclado for concebido para a língua francesa, a língua do texto selecionado deve ser o francês. Na literatura, foram determinados alguns critérios para comparar os teclados seleccionados. Estes critérios são;

Z O número de participantes testados em testes de usabilidade

Z O tipo de casos de teste utilizados (história, ciência, história)

Z O tipo de língua selecionada (inglês, francês, espanhol)

Z O número de sessões participadas

Z O número de caracteres introduzidos

Z O número e o nome dos teclados (Fitaly, Dvorak, Opti).

O outro parâmetro do teste de usabilidade é a taxa de erro. O significado de taxa de erro é o número de palavras escritas incorretamente durante as condições de teste. Ao calcular o número total de caracteres introduzidos, a maioria dos investigadores não conta o número de palavras com erro como uma palavra escrita. O número de palavras com erro é calculado depois de terminada a condição de teste. Este cálculo corresponde ao número de palavras escritas incorretamente por cada palavra escrita durante as condições de teste. O outro nome das taxas de erro é geralmente percentagem de erro. Para mais informações

Para mais pormenores sobre a taxa de erro ou a percentagem de erro, consultar os estudos de Zhai et al. (2000), Galen et al. (2007), Chun & Gong (2012) e Malik & Findlater (2013). Além disso, os outros critérios de medição são a dificuldade da tarefa, o desconforto e o conforto. Para mais pormenores sobre estes critérios de medição, consultar os estudos de Galen et al., (2007) e Trudeau et al. (2013). O critério de medição da simpatia é estudado por Hsiao et al. (2013). Todos estes critérios são auto-relatados pelos participantes, com base numa escala de 1 a 10, após a conclusão de cada tarefa nos teclados virtuais.

MacKenzie & Zhang (1999) estudaram a conceção e a avaliação de um teclado flexível de elevado desempenho utilizando a curva de aprendizagem, o ponto de cruzamento, as taxas de erro e a Lei de Fitt. No seu estudo, foram avaliados os desempenhos dos teclados OPTI e QWERTY. O ponto de cruzamento neste teste de desempenho é a 13ª sessão. Antes da 13.ª sessão, o teclado QWERTY era melhor do que o teclado OPTI. Mas o OPTI foi melhor do que o QWERTY após a 13ª sessão. A taxa de entrada do teclado OPTI será superior à do teclado QWERTY após um período de tempo suficiente.

Zhai et al. (2000) estudaram a modelação do desempenho dos teclados virtuais utilizando as leis de Fitt e a frequência digráfica. O teclado QWERTY, o teclado OPTI, o teclado FITALY e o teclado Chubon foram comparados no estudo de Zhai et al. (2000). Os seus desempenhos foram estimados por duas razões. A primeira é o facto de os desempenhos dos teclados mencionados nunca terem sido medidos até ao ano 2000. A segunda razão é que os resultados dos estudos publicados por MacKenzie & Zhang (1999) e Zhang (1998) estão incorrectos na literatura. Estes estudos avaliaram os teclados QWERTY e OPTI. Os teclados QWERTY e OPTI são %40 e %10 mais lentos do que o teclado metropolis concebido, respetivamente.

Smith & Zhai (2001) estudaram os teclados virtuais optimizados com e sem ordenação alfabética para um estudo de utilizadores principiantes. Em primeiro lugar, os investigadores podem conceber o teclado virtual utilizando o método metropolis random walk. A sequência de teclas deste teclado virtual concebido é ordenada alfabeticamente e, de acordo com este estudo, o custo de deslocação deste teclado é mínimo. Em segundo lugar, a ordenação alfabética é útil para os utilizadores principiantes, porque é mais fácil encontrar a posição das teclas do que as outras disposições ordenadas. Em terceiro lugar, estas disposições ordenadas alfabeticamente são preferidas pelos utilizadores principiantes. De acordo com Zhai et al. (2000), os teclados virtuais concebidos são mais eficazes do que o teclado QWERTY, concebido para utilizadores experientes. Este resultado de eficácia é de 50% e é satisfatório (Zhai et al., 2000). Neste trabalho, o desempenho dos utilizadores principiantes melhora perfeitamente com a utilização de teclados ordenados alfabeticamente. Os layouts ordenados alfabeticamente não mostraram qualquer benefício, como a capacidade de aprendizagem, a velocidade de digitação e as taxas de erro. De acordo com este desempenho e custo mínimo, o teclado proposto é superior aos outros teclados. O teclado concebido através do método de conceção metropolis tem um tempo de deslocação mínimo neste estudo. O novo teclado concebido tem o melhor tempo de deslocação em comparação com outros teclados ordenados estritamente por ordem alfabética. Encontrar o melhor tempo de movimento utilizando o método de conceção metropolis não é suficiente para otimizar a disposição do teclado.

Anderson et al. (2009) estudaram a análise de teclados alternativos utilizando a curva de aprendizagem. O objetivo deste estudo é comparar o desempenho dos teclados alternativos utilizando a curva de aprendizagem. Estes teclados alternativos são o Dvorak, o split com contornos, o chord e o split de ângulo fixo. Estes teclados alternativos são ergonomicamente mais vantajosos do que o design clássico do teclado QWERTY. Estes teclados alternativos podem não desafiar o teclado QWERTY de acordo com a aceitação geral. Com efeito, o teclado mais conhecido no mercado comercial é o QWERTY. O rácio de produtividade do teclado QWERTY é o melhor dos últimos anos. São aplicadas algumas técnicas de análise para avaliar o desempenho de teclados alternativos. Dezasseis participantes introduziram novamente os textos específicos utilizando todos os teclados alternativos para análise do desempenho. Os tempos de movimento e as velocidades de digitação destes participantes são registados e foi traçada a curva de aprendizagem destes participantes. Neste estudo, os investigadores perguntaram aos participantes quais as exigências cognitivas e perceptivas de cada teclado. O resultado destes critérios foi relacionado com a curva de aprendizagem. Os rácios de aprendizagem física e cognitiva do teclado de ângulo fixo dividido são fracos. Mas o teclado de acordes tem o melhor rácio de aprendizagem física e cognitiva. Além disso, o teclado Dvorak tem a maior exigência perceptiva. O teclado de ângulo fixo dividido e o teclado de contorno dividido recuperam rapidamente o rácio de produtividade, mas o rácio de produtividade dos teclados Dvorak e de acordes demora mais tempo. De acordo com estes resultados, estes teclados alternativos atingirão um rácio de produtividade suficiente nos próximos anos.

Hsiao et al. (2013) estudaram a conceção e a avaliação de pequenos teclados QWERTY lineares. Foram propostos quatro teclados em miniatura, tais como o teclado retangular, o teclado quadrado, o teclado de canto e o teclado de canto. Estes teclados podem ser investigados no estudo de Hsiao et al. (2013). Estes teclados foram testados por participantes lentos e rápidos. Quatro teclados em miniatura foram avaliados com base em critérios de desempenho. Estes critérios de desempenho são a velocidade de entrada, as taxas de erro, a precisão, o conforto, a aceitação do utilizador e a curva de aprendizagem. Os resultados da avaliação destes teclados, o teclado linear separado tem os melhores critérios de desempenho entre os outros três teclados. As teclas de formato quadrado apresentam taxas de erro mais baixas e maior precisão do que o teclado de formato retangular. O teclado de canto é mais agradável do que o teclado de canto. Resumindo o estudo, o teclado linear separado tem um tamanho mais pequeno do que os outros teclados disponíveis. Este teclado permite movimentos ergonómicos dos dedos.

2.4 Métodos de solução para o problema de arranjo de teclados

Existem na literatura muitas aplicações para resolver o problema da disposição do teclado (KAP). Algumas delas são ilustradas na Tabela 2.1. Esta tabela contém publicações, nome do estudo e metodologia. Estas características são importantes para compreender o estudo mencionado. As metodologias são abreviadas devido à falta de espaço. A lista de abreviaturas é importante para compreender estes métodos. Estas aplicações são estudadas em alturas diferentes. Esta tabela é útil e benéfica para saber quem publica o estudo sobre o CAP, qual é o nome do estudo e que metodologia é utilizada para resolver o CAP. A revisão da literatura sobre o CAP está resumida na Tabela 2.1.

Tabela 2.1 Literatura sobre o problema da disposição dos teclados

Publicações	*Nome do estudo*	*Metodologia*

Oommen et al., 1991	Uma solução de aprendizagem para o KAP	AG, ED
MacKenzie&Zhang, 1999	A avaliação e a conceção de um sistema de teclado de desempenho	ED,FR
Lesher&Moulton.., 2000	Um método para otimizar o sistema de Teclados de dedo	ACM
Zhai et al., 2000	O teclado Metropolis técnicas quantitativas para a conceção de teclados virtuais	MM, FR, ED
Zhai et al., 2002a	Otimização do desempenho de teclados virtuais	FR, ED, MM
Zhai et al., 2002b	Modelo de movimento e aprendizagem em teclados virtuais	FR, ED
Eggers et al., 2003	Otimização do KAP	ACO, ED, NT
Wagner et al., 2003	Modelação ergonómica do CAP	ACO, NT
Walker, 2003	Evolução de um teclado mais optimizado	EA, ED
Li et. al., 2006	Uma abordagem baseada na heurística para otimizar o KAP para SFK.	FR,MH
Rempel et. al., 2007	O efeito de seis modelos de teclado	ED
Galen et al., 2007	Efeitos da conceção de um teclado vertical na velocidade de dactilografia	ED
Bhattacharya etal.2008	Erros do utilizador nos teclados de digitalização	MM
MacKenzie & Soukoreff, 2009	Entrada de texto para computação móvel	FR
Dell'Amico et al., 2009	O problema da disposição do teclado com um só dedo.	MH, NT

*DE: Desenho Experimental, GA: Algoritmos Genéticos, FR: Regra de Fitt, ACM: Método do Custo da Atividade, MM: Modelação Matemática, NT: Técnica Numérica, ACO: Otimização por Colónia de Formigas, EA: Algoritmo Evolutivo, MH: Meta Heurística.

2.5 Problema de atribuição quadrática

Um dos mais antigos problemas de otimização combinatória é o problema de atribuição quadrática (QAP), que foi demonstrado como um problema NP-Difícil (Sartaj & Gonzalez, 1976). O QAP original foi introduzido por Tjalling C. Koopmans e Martin Beckman em 1957 (Koopmans & Beckman, 1957). Eles estudaram a modelação do QAP como um problema de localização de instalações (Cela, 1998). Para mais pormenores sobre a extensa pesquisa bibliográfica relativa ao QAP, consultar Malucelli (1993), Pardalos et al. (1994), Burkard & Estudos de Cela (1996), Rainer et al. (1997), Burkard et al. (1998), Cela (1998), Anstreicher et al. (2003), Drira et al. (2007), Loiola et al. (2007), Burkard et al. (2009) e James et al. (2009).

O QAP é o problema combinatório mais popular da classe NP-hard em várias aplicações, como (Loila et al., 2007);

- Localização das instalações (Cela, 1998)

- Análise combinatória de dados (Loila et al., 2007)

- Análise estatística dos dados (Hubert, 1987)

O problema consiste em atribuir um conjunto de instalações a um conjunto de localizações. A função objetivo pode ser determinada como a multiplicação do fluxo entre as instalações pela distância entre as localizações, podendo ser adicionados custos adicionais a esta função objetivo. A função de custo é o outro nome da função objetivo. Estes custos suplementares associados à afetação de uma instalação a um local definido. O objetivo é atribuir cada instalação a um local e minimizar o custo total.

Drira et al. (2007) podem ser investigados para compreender claramente os problemas de disposição das instalações. O problema da disposição das instalações é continuamente publicado nas revistas mais conhecidas. O número de estudos publicados sobre QAP é demasiado elevado. Além disso, as áreas de aplicação deste problema têm problemas de conceção muito diferentes. Estes problemas de conceção diferentes são a conceção de oficinas e a aplicação de sistemas de fabrico. Atualmente, a conceção de oficinas é estudada através do problema da disposição das instalações. A conceção das oficinas não é feita sequencialmente, mas sim simultaneamente. Esta abordagem diferente foi desenvolvida e melhorou o valor do problema. Além disso, a aplicação do sistema de fabrico é estudada no estudo de Drira et al. (2007). Os outros tipos de sistemas de produção, tais como mercados, restaurantes e cafés, são estudados com recurso a problemas de conceção de esquemas. Estas áreas de aplicação são as áreas específicas da indústria transformadora. Por último, o pacote de software é produzido para o projeto de fabrico. Esta aplicação de pacote de software é um produto limitado no mercado mundial. A conceção do sistema de fabrico pode ser eficaz e produtiva utilizando as ferramentas do pacote de software desenvolvido. As ferramentas deste pacote de software são utilizadas para conceber os procedimentos de disposição. Este pacote de software deve ter uma interface de utilizador e um sistema de interface virtual para ser mais eficiente e interessante.

Loiola et al. (2007) estudaram as formulações mais importantes de QAP e a classificação dessas formulações. Os limites inferiores para algoritmos exactos são apresentados no seu estudo. O novo desenvolvimento de métodos exactos e heurísticos é apresentado em pormenor como uma discussão no estudo.

De acordo com o estudo de Loiola et al. (2007), o algoritmo exato garante a obtenção de uma solução óptima, mas o número total de iterações é muito elevado para encontrar a solução óptima. Esta situação não é possível num período de tempo viável. Por conseguinte, a maioria dos investigadores utiliza métodos heurísticos para resolver este problema. O desempenho dos métodos heurísticos desenvolvidos depende da qualidade do limite inferior e da eficiência computacional. Os nomes dos métodos desenvolvidos são algoritmos exactos, algoritmos heurísticos e metaheurísticas. Existem três tipos principais de algoritmos exactos para resolver o QAP. São eles os algoritmos de ramificação e limitação, os planos de corte e a programação dinâmica. As questões mais importantes sobre o QAP são as tendências e as tendências. Pode examinar cuidadosamente para compreender as tendências da principal área de investigação sobre QAP.

Para mais pormenores sobre os recentes avanços na resolução de QAP, consultar os estudos de Pardalos et al. (1994), Anstreicher et al. (2003) e Drezner et al. (2005). Muitos problemas científicos podem ser modelados como QAP pelos investigadores. Alguns destes investigadores são matemáticos, cientistas informáticos, economistas, especialistas em investigação operacional e estatísticos.

Pardalos et al. (1994) estudaram um desenvolvimento recente e um levantamento dos QAP. É feito um levantamento dos resultados e aplicações mais recentes do QAP. No seu estudo, é possível encontrar alguma bibliografia sobre aplicações de QAP e problemas relacionados.

Anstreicher et al. (2003) estudaram os recentes avanços nas soluções de QAPs. Os avanços dos QAP são os seguintes: heurísticas, algoritmos exactos e plataformas de computação. Estes avanços permitem encontrar facilmente a solução óptima. A computação paralela, o processamento distribuído, a ramificação forte e os limites complexos têm sido utilizados para resolver um grande número de problemas em estudos recentes. Os tipos de problemas mais difíceis serão resolvidos através da utilização de futuros avanços nestas técnicas de resolução. No seu estudo, os métodos heurísticos e as técnicas de limites inferiores foram brevemente explicados para o QAP. As técnicas de limites inferiores são úteis para encontrar o pior caso de custo. A qualidade do custo e a otimização do custo podem ser comparadas utilizando o limite inferior do custo. Nos últimos anos, surgiram novos limites

são modificados por Anstreicher et al. (2003). Estes limites modificados apoiam com êxito o estado da arte dos algoritmos B&B para resolver problemas difíceis. Os sistemas de metacomputação e o processamento distribuído são normalmente utilizados para resolver a maior parte dos grandes QAPs. Estão disponíveis informações pormenorizadas sobre metacomputação (também conhecida como "computação em grelha") nas secções de estudo.

Drezner et al. (2005) estudaram os avanços recentes para o QAP com instâncias especiais para métodos meta-heurísticos. No estudo de Drezner et al. (2005) estão disponíveis avanços de métodos exactos e heurísticos para o QAP. A resolução de instâncias do QAP é objeto de uma tentativa extensiva. O tamanho destas instâncias é superior a setenta e cinco. Se a dimensão do problema for superior a trinta, os algoritmos exactos não são úteis para encontrar uma solução óptima. Na literatura, são encontradas soluções relativamente melhores através da utilização de métodos heurísticos. As melhores soluções podem ser encontradas de acordo com a melhor solução conhecida quando se utilizam métodos de solução heurística. Existem novas instâncias de QAP que não podem ser resolvidas utilizando os melhores métodos de solução metaheurística. Em trabalhos futuros, as instâncias de QAP não solucionáveis serão resolvidas utilizando diferentes técnicas desenvolvidas. Talvez seja possível encontrar soluções relativamente melhores para estas novas instâncias utilizando alguns métodos de solução exacta. São apresentados resultados computacionais para novas instâncias de QAP. Os desempenhos comparativos dos métodos iterativos podem ser examinados. Neste estudo, foram testadas duas instâncias difíceis de QAP utilizando os algoritmos heurísticos mais conhecidos e os algoritmos exactos mais conhecidos. Drezner et al. (2005) ficaram surpreendidos com o facto de duas instâncias difíceis serem fáceis de resolver utilizando métodos exactos modernos. Estas instâncias difíceis são resolvidas por um dos métodos exactos em tempo computacional viável. Drezner et al. (2005) utilizaram métodos estatísticos para comparar o desempenho de algoritmos heurísticos e métodos exactos. O novo algoritmo desenvolvido por Drezner et al. (2005) é melhor do que os outros algoritmos heurísticos para resolver os outros problemas.

2.5.1 Métodos de solução para o QAP

Nesta secção, os métodos de resolução do QAP são explicados em pormenor. Existem três métodos de solução principais: algoritmos exactos, algoritmos heurísticos e metaheurísticas para resolver o QAP. Três algoritmos exactos diferentes podem encontrar uma solução óptima para o QAP. Estes algoritmos exactos são os seguintes

S Algoritmo Branch and Bound (B&B).

S Técnica do plano de corte

S Programação dinâmica

A solução óptima é impossível através da utilização de algoritmos exactos devido à complexidade do QAP, que tem mais de 30 variáveis (Ji et al., 2006). Se a complexidade do modelo QAP for muito elevada, é cada vez mais difícil encontrar uma solução óptima para o modelo QAP. Por conseguinte, são desenvolvidos métodos heurísticos para encontrar o valor da solução. Alguns métodos são analíticos e outros são baseados no comportamento da natureza. Existem alguns métodos heurísticos, tais como as Redes Neuronais Artificiais (RNA), o Recozimento Simulado (SA), a Otimização por Colónias de Formigas (ACO), a Pesquisa por Dispersão (SS), os Algoritmos Genéticos (GA) e o Procedimento de Pesquisa Adaptativa Aleatória e Gulosa (GRASP), a Pesquisa Tabu (TS). A solução óptima pode ser encontrada utilizando estes métodos heurísticos.

Para mais informações sobre os métodos exactos e heurísticos para resolver o QAP, consultar Cassingham (1986), Ji & Liu (2006), Nehi & Gelareh (2007), Kudelska (2012) e outros estudos. Nesta tese, o procedimento do algoritmo genético é aplicado para resolver o problema TFSKL.

Nehi & Gelareh (2007) estudaram um levantamento de métodos meta-heurísticos de solução para o QAP. É impossível resolver QAPs de grande dimensão utilizando um algoritmo exato em tempo de solução viável. Neste artigo, foram aplicados e comparados alguns métodos meta-heurísticos, abordagens de computação suave e métodos de aproximação.

Kudelska (2012) estudou os métodos de utilização da solução QAP. O principal objetivo deste problema é minimizar os valores totais dos produtos. Estes valores dos produtos são definidos como sendo atribuídos a cada instalação em cada local (Shahbazi, 2013). Este estudo apresenta algumas aplicações do QAP em muitas áreas. Os exemplos de aplicações são, por exemplo, a disposição das teclas no teclado, a disposição dos edifícios no campus da universidade, a conceção de um hospital, a conceção da disposição dos componentes electrónicos em sistemas com integração em grande escala (VLSI) em muitas áreas. No estudo de Kudelska (2012), foi utilizada a ferramenta de inteligência artificial para resolver o QAP.

Para mais detalhes sobre algoritmo genético podem ser encontrados os estudos de Tsutsui & Fujimoto (2009), Kratica et al. (2011) e Tosun et al. (2013). A revisão da literatura sobre QAP está resumida na Tabela 2.2. Esta tabela contém as publicações, o nome do estudo e a metodologia. Esta tabela é investigada para compreender a metodologia do QAP na literatura.

Tabela 2.2 Literatura sobre o problema da atribuição quadrática

Publicações	Nome do estudo	Metodologia
Taillard, 1991	Pesquisa robusta de tabus para QAP	RTS
Gambardella et al., 1999	Colónias de formigas para o QAP	ACO
Gong & Tuson, 2007	Otimização por enxame de partículas para QAP	PSO
Ramkumar et al., 2009	Um sistema híbrido de formigas para QAP	HAC
Tsutsui & Fujimoto, 2009	Resolver o QAP	AG
Kratica et al., 2011	Nova representação genética para QAP	AG
Paulo, 2011	Implementação eficiente para QAP esparso	RTS
Mateus et al., 2011	GRASP para o sistema Generalizado QAP	GRASP
Dejam et al., 2012	Resolver o QAP	TS
Misevicius, 2012	Algoritmo de pesquisa tabu iterado para o QAP	TS
Paulo, 2012	Uma implementação de unidades de processamento gráfico para QAP	SA
Tosun et al., 2013	Uma ilha paralela robusta Algoritmo genético para o QAP	AG
Horg, 2013	Um algoritmo híbrido de colónias de formigas para QAP	HAC
Ozkal & Figlali, 2013	Avaliação do desempenho do algoritmo de colónia de formigas multiobjectivo no QAP	ACO

*PSO: Partical Swarm Optimization, HAC: Colónia de Formigas Híbrida, RTS: Robust Tabu Search, GA: Algoritmos Genéticos, GRASP: Greedy Randomized Adaptive Search Procedure, ACO: Ant Colony Optimization, SA: Simulated Annealing

Ji & Liu (2006) estudaram o método de solução do QAP. Neste trabalho, são utilizados algoritmos genéticos específicos para resolver o QAP. A qualidade da solvabilidade do QAP é medida utilizando o algoritmo genético híbrido desenvolvido. Finalmente, as tendências e os progressos do QAP são examinados em pormenor.

CAPÍTULO III DEFINIÇÃO DO PROBLEMA e FORMULAÇÕES MATEMÁTICAS DO PROBLEMA DE ATRIBUIÇÃO QUADRÁTICA

A conceção da disposição do teclado virtual é objeto de investigação sob vários títulos diferentes. Algumas destas abordagens são: critérios ergonómicos, dedo único ou n-dedos, formas ergonómicas. Para mais pormenores sobre a conceção da disposição de um teclado de um só dedo, consultar os estudos de Eggers et al.(2003), Uşşakli (2004), Li et al.(2006), Dell'Amico et al. (2009) e Soydal (2010). Uşşakli (2004) e Soydal (2010) conceberam um teclado virtual de um só dedo para a língua turca. Para mais pormenores sobre os critérios ergonómicos da conceção da disposição do teclado, podem encontrar-se os estudos de Cassingham (1986), Wagner et al. (2001), Eggers et al. (2003), Hogg (2010) e Huang & Wu (2012). Rempel et al. (2007) podem ser examinados para compreender as formas ergonómicas dos teclados. Os teclados QWERTY e F podem ser investigados para compreender a conceção da disposição dos teclados com n-dedos. O teclado F foi concebido para a língua turca, com uma disposição de teclado com n dedos. Além disso, existem muitos layouts de teclados virtuais de um só dedo na literatura. O modelo Quadratic Assingment Problem (QAP) é geralmente um dos métodos de modelação mais conhecidos para conceber a disposição de um teclado virtual de um só dedo. A disposição do teclado virtual de dois dedos é apresentada na Figura 3.1.

Figura3.1 Layout do teclado virtual de dois dedos

O modelo clássico de QAP tem dois requisitos de espaço. Estes requisitos de espaço são as instalações e a localização. Neste modelo clássico de QAP são utilizadas duas matrizes importantes. Estas matrizes são as matrizes de fluxo e de distância. A matriz de fluxo é calculada relativamente

A pontuação de importância entre as instalações e a matriz de distância é a distância calculada entre as localizações. *Fij* é a matriz de fluxo que representa o fluxo da instalação i para a instalação j. D_k ι é a matriz de distância que representa a distância entre a localização κ e a localização l. X (i, k) é a variável de atribuição deste modelo QAP. Se à instalação i for atribuído o local k, o valor de X (i, k) é 1. Caso contrário, o valor de X (i, k) é "0".

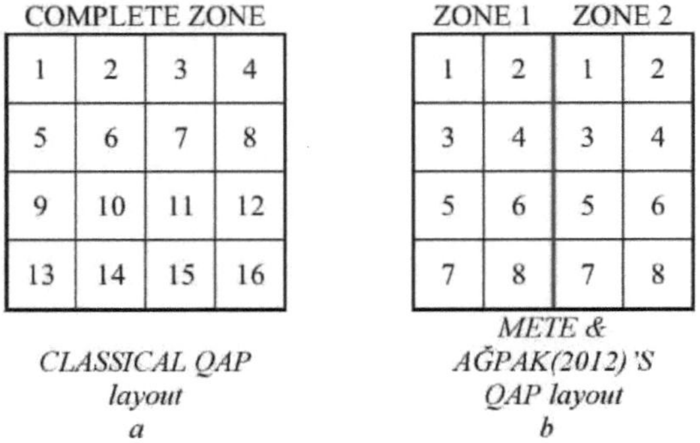

<table>
<tr><td colspan="4">COMPLETE ZONE</td><td colspan="2">ZONE 1</td><td colspan="2">ZONE 2</td></tr>
<tr><td>1</td><td>2</td><td>3</td><td>4</td><td>1</td><td>2</td><td>1</td><td>2</td></tr>
<tr><td>5</td><td>6</td><td>7</td><td>8</td><td>3</td><td>4</td><td>3</td><td>4</td></tr>
<tr><td>9</td><td>10</td><td>11</td><td>12</td><td>5</td><td>6</td><td>5</td><td>6</td></tr>
<tr><td>13</td><td>14</td><td>15</td><td>16</td><td>7</td><td>8</td><td>7</td><td>8</td></tr>
</table>

CLASSICAL QAP
layout
a

METE &
AĞPAK(2012) 'S
QAP layout
b

Figura 3.2 Diferença entre o esquema clássico do QAP e o esquema do QAP de Mete & Agpak(2012).

O modelo QAP de Mete & Agpak (2012) tem as mesmas características, mas a disposição do novo modelo QAP está dividida em duas partes, como mostra a figura 3.2(*b*). A matriz de distâncias do novo modelo QAP é dividida em duas partes e é acrescentado um novo índice de zona a X (i, k). O novo índice de zona é m. A variável de atribuição modificada é X (i, m, k). Por exemplo, os números dos índices i e k são quinze para o modelo QAP clássico baseado na figura 3.2(*a*). O número de índices i é quinze, mas o número de índices k é sete, de acordo com a figura 3.2(*b*). O número de índices m é de dois. As localizações 15 (3.*2a*) e 7 (3.*2b*) são as mesmas para os dois modelos QAP. O significado da variável X (15, 15) é que a instalação 15 é atribuída à localização 15 no modelo QAP clássico. Mas o significado da variável X (15, 2, 7) é que a instalação 15 está a ser atribuída à localização 7 na zona 2. Estas duas localizações são as mesmas para os dois modelos QAP. Esta nova modificação permite aos investigadores conceber um modelo QAP de dois pares. Nesta tese, a disposição do teclado virtual de dois dedos é concebida utilizando o modelo QAP de Mete & Agpak (2012).

3.1 Modelo clássico de problema de atribuição quadrática

O QAP é conhecido por ser um problema NP-difícil (Jhonson & Garey, 1979). Nos problemas de atribuição quadrática generalizada (GQAPs), as variáveis utilizadas são *M* instalações e *N* localizações, os GQAP têm dois requisitos de espaço. Estes requisitos de espaço são as instalações e a localização. Além disso, os GQAP têm um custo de instalação das instalações. Duas matrizes importantes são utilizadas neste GQAP. Estas matrizes são a matriz de fluxo e a matriz de distância. A matriz de fluxo calcula a pontuação de importância relativa entre as instalações e a matriz de distância calcula a distância entre as localizações. Uma instalação deve ser atribuída a exatamente um local. Mas o espaço de localização deve ser suficiente para localizar a instalação. O objetivo deste problema é a minimização do custo. O custo é definido como a multiplicação de dois números. Estes dois números são o custo do fluxo das instalações especificadas e o custo da distância das localizações especificadas e, se necessário, o custo pode ser adicionado ao custo de instalação. Um dos problemas difíceis mais conhecidos é o GQAP em problemas de otimização combinatória.

Nesta função, são utilizadas algumas notações para otimizar o custo total. Estas notações também são explicadas em pormenor a seguir. Fij é a matriz de fluxo que representa o fluxo da instalação i para a instalação j. D_{ii} é a matriz de distância que representa a distância entre a localização k e a localização L.

O modelo clássico QAP tem variáveis de atribuição e uma matriz de distância. As variáveis de atribuição são apresentadas na formulação seguinte. X é uma variável binária. Se a instalação i for atribuída ao local k, o valor de $\%j_{fc}$ é 1, caso contrário, O. Se a instalação j for atribuída ao local l, o valor de Xj_{ii} é 1, caso contrário, O.

$$\min \quad \sum_{i=1}^{n} \sum_{j=1}^{n} \sum_{k=1}^{n} \sum_{l=1}^{n} f_{i,j} * d_{k,l} * x_{i,k} * x_{j,l} \tag{2}$$

Subject to

$$\sum_{i=1}^{n} x_{i,j} = 1 \quad j = 1,2,\ldots.,n \tag{3}$$

$$\sum_{j=1}^{n} x_{i,j} = 1 \quad i = 1,2,\ldots.,n \tag{4}$$

$$x_{i,j} \in {0,1} \quad i,j = 1,2,\ldots.,n \tag{5}$$

A função objetivo deste problema é a minimização do produto total em todas as instalações ou localizações possíveis. O significado da equação 3 é que uma instalação pode ser atribuída a uma localização e o significado da equação 4 é que uma localização pode ser atribuída a uma instalação. O significado da equação 5 é x_{ij} · é uma variável binária.

3.2 Modelo de problema de atribuição quadrática de Mete & Agpak(2012)

Nesta secção, o modelo QAP de Mete & Agpak(2012) foi claramente apresentado. As diferenças entre a formulação clássica do QAP e a formulação do QAP de Mete & Agpak(2012) foram explicadas em pormenor. O CAP pode ser formulado utilizando o modelo clássico de QAP. Este PAK é formulado utilizando o modelo clássico do PAQ como um PAK de dedo único. O modelo QAP de Mete & Agpak(2012) permite-lhe conceber um problema de disposição de teclado com dois dedos (TFSKL).

O modelo QAP de Mete & Agpak (2012) tem dois argumentos, tal como um modelo QAP clássico. Neste modelo, consideram C_{ik} a frequência entre i e k, e Tji a distância entre j e l. Os valores destes argumentos mudam de problema para problema, mas as variáveis XY_{ij} m,j e XY $_{,km}$,ı não são definidas previamente. A função objetivo e as restrições são analisadas a seguir. A função objetivo é a seguinte:

$$\min \quad \sum_{m=1}^{2} \sum_{i=1}^{n} \sum_{j=1}^{n} \sum_{k=1}^{n} \sum_{l=1}^{n} C_{i,k} * T_{j,l} * XY_{i,m,j} * XY_{k,m,l} \tag{6}$$

Subject to

$$\sum_{m=1}^{2} Y_{i,m} = 1 \qquad\qquad \text{for all i cases} \tag{7}$$

$$\sum_{j=1}^{n} XY_{i,m,j} - Y_{i,m} = 0 \qquad\qquad \text{for all i and m cases} \tag{8}$$

$$\sum_{i=1}^{n} XY_{i,m,j} = 1 \qquad\qquad \text{for all j and m cases} \tag{9}$$

$$XY_{i,m,j} , Y_{i,m} \in \{0,1\} \qquad\qquad \text{Decision Variable} \tag{10}$$

A equação 7 define que uma letra pode ser atribuída a uma zona (Zona1 ou Zona2) no modelo QAP. Se a equação 7 não estiver escrita, a letra pode ser atribuída a duas zonas em conjunto.

De forma semelhante, a equação 8 define que uma letra pode ser atribuída a uma tecla na zona m. Se a equação 8 não for escrita, a letra pode ser atribuída a mais do que uma tecla na zona m.

A equação 9 define que uma tecla pode ser atribuída a uma letra. Se a equação 9 não estiver escrita, uma tecla pode ser atribuída a mais do que letras. Yj_m é a variável de zona e XY_{im} ,j é a variável de atribuição. A equação 10 representa as variáveis de decisão. Y_{im} e XY $_{,im}$ j são variáveis binárias:

$$Y_{i,m} = \begin{cases} 1, & \text{if } i \text{ is assigned to zone m} \\ 0, & \text{otherwise} \end{cases}$$

$$XY_{i,m,j} = \begin{cases} 1, & \text{if } i \text{ is assigned to location } j \text{ of zone} \\ 0, & \text{otherwise} \end{cases}$$

3.3 Modelo linear do modelo do problema quadrático de atribuição de Mete & Agpak (2012)

Nesta tese, o modelo QAP de Mete & Agpak (2012) é linearizado para ser facilmente resolvido. O modelo não linear do QAP de Mete & Agpak(2012) não foi resolvido num tempo de solução viável. Por isso, nesta tese é desenvolvido um novo modelo linear do QAP de Mete & Agpak(2012). Neste modelo linear, eles consideram $c_{i\,k}$ a frequência entre i e k, e $t_{z\,\overline{\imath}}$ a distância entre j e l. s (m,i,j,k,l) é variável binária. Este novo modelo linear ajuda a resolver o problema TFSKL. A forma do novo modelo linear QAP é apresentada da seguinte forma;

$$\min \sum_{m=1}^{2} \sum_{i=1}^{n} \sum_{j=1}^{n} \sum_{k=1}^{n} \sum_{l=1}^{n} c_{i,k} * t_{j,l} * s\, m, i, j, k, l \qquad 11$$

Subject to

$$\sum_{m=1}^{2} y_{j,m} = 1 \qquad \text{for all j cases} \qquad 12$$

$$\sum_{i=1}^{15} xy\, i, m, j \, - y\, j, m \, = 0 \qquad \text{for all j and m cases} \qquad 13$$

$$\sum_{j=1} xy_{i,m,j} = 1 \qquad\qquad \text{for all } i \text{ and } m \text{ cases} \qquad 14$$

$$s_{m,i,j,k,l} \leq xy_{i,m,j} \qquad\qquad i \geq k, \quad j \neq l \qquad 15$$

$$s_{m,i,j,k,l} \leq xy_{k,m,l} \qquad\qquad i \geq k, \; j \neq l \qquad 16$$

$$s_{m,i,j,k,l} \geq xy_{i,m,j} + xy_{k,m,l} - 1 \qquad\qquad i \geq k, \quad j \neq l \qquad 17$$

$$s_{m,i,j,k,l} - s_{m,k,l,i,j} = 0 \qquad\qquad i \geq k, \quad j \neq l \qquad 18$$

$$xy_{i,m,j}, y_{i,m}, s_{m,i,j,k,l} \in {0,1} \qquad\qquad 19$$

Se a equação 12 não estiver escrita, a letra pode ser atribuída a duas zonas em conjunto. Define que a letra só pode estar localizada numa zona (zona1 ou zona2).

A equação 13 define que uma letra pode ser atribuída a uma tecla na zona m. Se a equação 13 não for escrita, a letra pode ser atribuída a mais do que uma tecla na zona m.

A equação 14 define que uma tecla pode ser atribuída a uma letra. Se a equação 14 não estiver escrita, uma tecla pode ser atribuída a mais do que letras

A equação 15 indica que, se o valor de $xy(i,m,j)$ for 1, o valor de $s(m,i,j,k,l)$ é 1 ou "0". A equação 16 indica que, se o valor de $xy(k,m,l)$ for 1, o valor de $s(m,i,j,k,l)$ é 1 ou "0". A equação 17 indica que, se os valores de $xy(i,m,j)$ e $xy(k,m,l)$ forem 1, o valor de $s(m,i,j,k,l)$ é 1, e não "0".

A equação 18 define que $s(m,i,j,k,l)$ e $s(m,k,l,i,j)$ são variáveis simétricas. Se a equação 18 não for escrita, $s(m,i,j,k,l)$ e $s(m,k,l,i,j)$ podem ser variáveis assimétricas.

A equação 19 representa as variáveis de decisão. y_{im}, xy_{imj} e $s_{jm\,ik\,l}$ são variáveis binárias: . y_{im} é uma variável de zona e $xy_{i,m,j}$ é uma variável de atribuição.

CAPÍTULO IV ABORDAGEM HEURÍSTICA

Neste capítulo, o Algoritmo Genético (AG) é explicado em pormenor porque o AG é aplicado como uma abordagem heurística nesta tese. A metodologia dos algoritmos genéticos é aplicada para resolver o problema TFSKL.

O algoritmo genético (AG) é um método metaheurístico evolutivo e de otimização. Este método foi introduzido pela primeira vez por Holland em 1975. O algoritmo genético tem sido um dos métodos mais populares para resolver problemas na década de 1980. Existem muitas áreas de aplicação dos algoritmos genéticos, como o reconhecimento de padrões, a filtragem adaptativa e o processamento de imagens. Lucasius & Kateman, (1993) afirmaram que o AG se baseia basicamente nas regras clássicas de Darwin sobre a evolução natural. Esta regra da evolução natural é "luta pela vida (regra da competição) e sobrevivência do mais apto (regra da seleção)".

A metodologia dos AG pode ser explicada como um processo evolutivo na natureza. Esta metodologia começa com uma população inicial de soluções viáveis para determinados problemas. São geradas populações novas e modificadas utilizando o princípio Darwiniano. O processo de geração de uma nova população é repetido vezes sem conta até convergir para uma solução quase óptima que atinja o valor de aptidão. A Figura 4.1 explica o pseudo-código do AG. Inclui seis passos básicos, seguidos de: inicialização da população de genes, avaliação dos valores de aptidão da população, seleção de genes para reprodução, aplicação de cruzamento e mutação, nova geração para substituir os genes dos pais, verificação dos valores de aptidão para terminar.

1.   Inicializar uma população de genes aleatórios

2.   Avaliar o valor de aptidão para os indivíduos da população

*3.   **Repetir***

4.   Selecionar os genes para reprodução de acordo com o método de seleção elitista

5.   Aplicar a estes genes os métodos de cruzamento de dois pontos e de mutação de um porto

6.   Eliminar a população de acordo com o método de seleção elitista

7.   Gerar a nova geração para substituir o progenitor

8. Verificar os valores de aptidão de toda a população

9. **Até o** *número de iteração ser dois mil*

Figura 4.1 Pseudo-código da metodologia básica do algoritmo genético

4.1 Inicialização da população

Uma população é constituída por um conjunto de indivíduos. A inicialização da população é gerada de forma aleatória. O tamanho da população inicial é rigorosamente determinado. Este tamanho pode mudar de acordo com o objetivo do algoritmo. A variação da população é dada pelo número de indivíduos na população. As características dos indivíduos da população alteram-se quando se reproduzem filhos com pais seleccionados. A lista de candidatos a progenitores ocorre para selecionar um valor de aptidão elevado. Assim, as gerações seguintes serão mais eficazes. O significado de "mating pool" é onde se reúnem os pais seleccionados e outros membros da população. Os métodos de formação do grupo de acasalamento são geralmente a Seleção de Pais por Roleta, a Seleção de Pais por Torneio e a Seleção Linear na metodologia genética. O critério de seleção dos progenitores depende do seu valor de aptidão. Em primeiro lugar, o tamanho inicial da população é 150. Nesta tese, o método de formação do grupo de acasalamento é a seleção de pais por torneio.

4.2 Cromossoma codificador

A codificação do cromossoma é um problema muito importante para a aplicação da metodologia genética. Nesta secção são apresentadas algumas técnicas de codificação do cromossoma. Estas técnicas são a codificação binária, a codificação por permutação, a codificação de valores e a codificação em árvore. Nesta tese, o cromossoma de codificação é gerado utilizando a técnica de codificação por permutação. A codificação por permutação é utilizada em problemas de ordenação. Estes problemas são o caixeiro-viajante e o problema de ordenação de tarefas. Cada cromossoma é uma cadeia de números numa sequência.

4.3 Função de aptidão

As características dos indivíduos são determinadas através da função de aptidão. O outro nome da função de aptidão é função objetiva do AG. Cada indivíduo é retirado do grupo de acasalamento e depois os seus valores de aptidão são calculados. As suas probabilidades de sobrevivência dependem dos seus valores de aptidão. As probabilidades de sobrevivência dos indivíduos com valores de aptidão mais baixos são inferiores às dos indivíduos com valores de aptidão mais elevados. Os indivíduos com maior valor de aptidão sobreviverão na geração seguinte. A função de aptidão do GA é a minimização do produto total sobre o valor da matriz de fluxo dos coromossomas que, nesta tese, se encontra na zona 2 e o valor da matriz de distância dos coromossomas que se encontra na zona 2.

4.4 Crossover

Dois progenitores seleccionados aleatoriamente são aplicados ao procedimento de cruzamento. A(s) descendência(s) é(são) gerada(s) com a combinação destes progenitores. Existem muitas técnicas de cruzamento. Estas técnicas são, por exemplo, corte e junção, cruzamento de um ponto, cruzamento de dois pontos, cruzamento uniforme e cruzamento de múltiplos pontos. A técnica de corte e junção define dois pontos diferentes para cada progenitor. A técnica de cruzamento de dois pontos é utilizada para resolver este problema e a taxa de cruzamento deste AG é de 0,90 nesta tese. O método de cruzamento de dois pontos define dois pontos para trocar genes. Estes pontos são trocados para gerar novos genes na Figura 4.2.

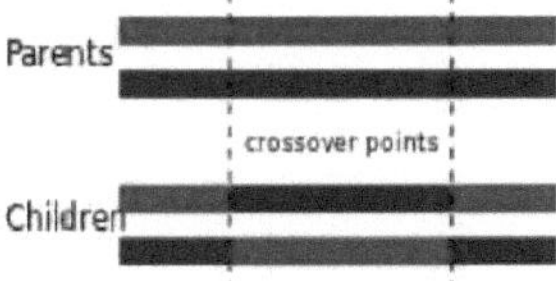

Figura 4.2 Cross-Over de dois pontos (Tomasz, 2006)

4.5 Mutação

A outra etapa da metodologia GA é a mutação. O principal objetivo deste operador é aumentar a diversidade genética. A mutação altera os valores dos genes de um cromossoma em relação ao seu valor inicial. No operador de mutação, a solução pode alterar-se completamente em relação à primeira solução. Por conseguinte, o AG pode aproximar-se de uma solução melhor utilizando o operador de mutação. A taxa de mutação deve ser baixa. Se a taxa de mutação for superior à taxa de cruzamento, o AG altera-se e observa-se uma perda de informação. Existem quatro técnicas de mutação: mutação de bits, mutação de um ponto, mutação de dois pontos e mutação uniforme. A técnica de mutação de um ponto é utilizada no AG desta tese. A taxa de mutação deste AG é de 0,01. A mutação de um ponto é aplicada à codificação binária. Os valores dos bits são alterados de 0 para cor e vice-versa.

4.6 Eliminação da população

O procedimento de eliminação da população é importante para ignorar as soluções determinadas. Nesta tese, a técnica de eliminação da população é a seleção elitista. A técnica de seleção elitista consiste em eliminar as piores soluções de acordo com o Darwinismo. A seleção estabilizadora consiste em eliminar as melhores soluções. A seleção direcional elimina tanto as piores como as melhores soluções. A seleção disruptiva elimina as soluções moderadas.

4.7 Exemplo ilustrativo

Nesta tese é apresentado um exemplo ilustrativo para compreender claramente o procedimento do Algoritmo Genético. O primeiro passo da metodologia GA é a inicialização aleatória da população de genes. O segundo passo é o procedimento de cruzamento. Aos dois progenitores é aplicado o método de cruzamento de dois pinos porque a taxa de cruzamento é de 0,90. Depois de aplicado o método croos-over, são executados dois filhos. O terceiro passo é o procedimento de mutação. A um dos filhos é aplicado o método de mutação de dois pontos, uma vez que a taxa de mutação é de 0,01. O quarto passo da metodologia GA consiste em avaliar os valores de aptidão dos indivíduos da população. A quinta etapa consiste em eliminar os indivíduos da população de acordo com a técnica de seleção elitista. A técnica de seleção elitista consiste em eliminar as piores soluções de acordo com o Darwinismo. Um indivíduo que tenha o pior valor de aptidão é eliminado. O último passo é selecionar os genes para reprodução. Existem dois genes no pool de acasalamento.

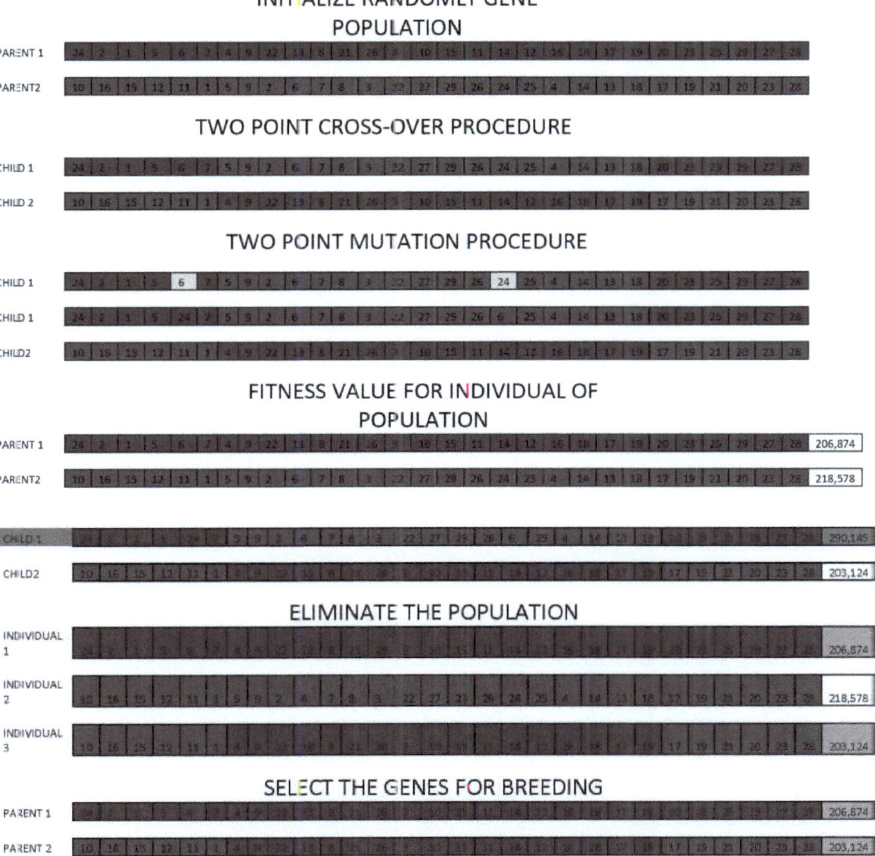

4.8 Resultados do Algoritmo Genético

Estes valores do operador são definidos para construir a metodologia GA. Após estas definições, a metodologia GA é codificada utilizando o MATLAB. Este programa GA foi executado. Este programa pode mostrar o número de iterações efectuadas. Neste tipo de problema TFSKL, o número de iterações deste programa GA é de 1200 iterações. Assim, o melhor valor de solução é encontrado em 1200 iterações. Os valores dos objectivos do AG para o TFSKL são apresentados na Tabela 4.1. Além disso, o gráfico de convergência dos valores dos objectivos do AG é apresentado na Figura 4.3.

Tabela 4.1 Valores objectivos de GA para TFSKL

100. iterations	255677
200. iterations	224107
300. iterations	214413
400. iterations	212311
500. iterations	211810
600. iterations	209328
700. iterations	206808
800. iterations	203315
900. iterations	202601
1000. iterations	202601
1100. iterations	202601
1200. iterations	202601

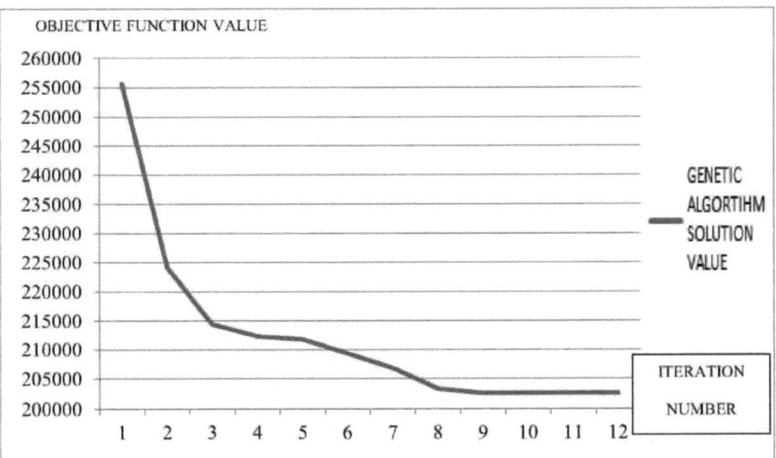

Figura 4.3 Gráfico de convergência para valores objectivos do AG

O gráfico de convergência da função objetivo do AG indica que a melhor solução do AG é uma solução quase óptima do problema TFSKL. As acelerações de alguns valores de iteração não são suficientes porque a melhoria do valor objetivo não é suficiente. Assim, as diferenças entre duas iterações não são muito elevadas, são muito pequenas.

CAPÍTULO V CONCEPÇÃO DE UM LAYOUT DE TECLADO DE DOIS DEDOS PARA A LÍNGUA TURCA

Antes de conceber a disposição do teclado com caneta de dois dedos para a língua turca, devemos referir a cronologia da conceção do teclado da língua turca. O teclado da língua turca foi concebido pela primeira vez por Ihsan Sitki Yener em 1955. O teclado F foi concebido por Yener para dez dedos. O teclado F bateu recordes em competições internacionais. Este teclado obteve vinte e cinco recordes e cinquenta e nove campeonatos mundiais. Por outro lado, o teclado stylus para a língua turca foi apresentado pela primeira vez por Sinan Uşşakli em 2004. O nome de Uşşakli (2004) é 'Otimização do desempenho dos teclados virtuais turcos". O outro projeto de teclado com caneta para a língua turca, concebido por Muhammed Soydal, foi apresentado como tese de mestrado em 2010. A diferença entre a disposição do teclado de Soydal e a nova disposição de teclado proposta é a disposição do teclado virtual de um dedo e a disposição do teclado virtual de dois dedos. Uşşakli (2004) e Soydal (2012) conceberam uma disposição de teclado de um só dedo.

Até à data, a maior parte dos investigadores tem desenvolvido um layout de teclado virtual de dedo único utilizando o modelo clássico QAP. Há cinco passos para conceber um TFSKL para qualquer língua. Estes passos são apresentados na Figura 5.1.

Figura 5.1 Etapas da conceção da TFSKL para a língua turca

A primeira etapa da conceção do TFSKL é a suplementação de dados. O suplemento de dados tem duas partes. Uma parte do suplemento de dados é a frequência do número de caracteres. Os caracteres são retirados da Internet. A outra parte do suplemento de dados é a distância entre as chaves. As distâncias calculadas entre as teclas baseiam-se na disposição longitudinal definida para o teclado. Esta disposição pode ser vista na Figura 5.2. O segundo passo deste estudo é a solução QAP. Neste passo, o novo modelo QAP linearizado e a metodologia de algoritmo genético são utilizados para resolver o TFSKL. O terceiro passo é o modelo proposto. O modelo proposto pode ser apresentado após a resolução do problema TFSKL. Na quarta etapa, o pacote deste modelo e o módulo extra são produzidos para usar este modelo em computadores e dispositivos Android. Os utilizadores podem utilizar este modelo proposto nos seus computadores e dispositivos Android após esta etapa. A última etapa deste estudo é a análise da usabilidade e as comparações. Nesta etapa, o modelo proposto, o teclado F e o teclado QWERTY são comparados entre si de acordo com a análise de usabilidade, as taxas de erro, a simulação assistida por computador e as técnicas de curva de aprendizagem.

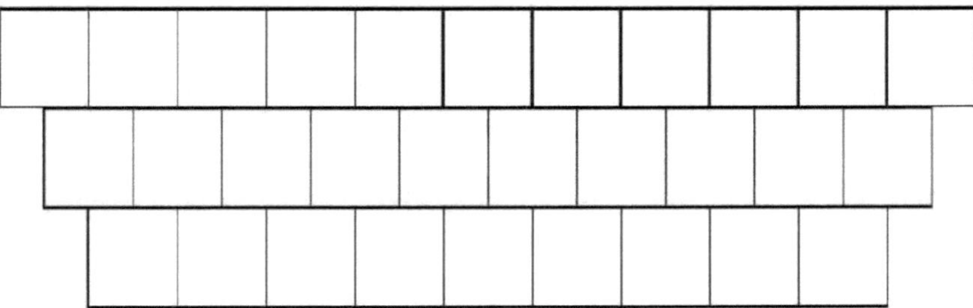

Figura 5.2 Disposição tradicional do teclado longitudinal

5.1 Suplemento de dados

O suplemento de dados tem duas partes. Uma parte dos dados suplementares é a frequência do número de caracteres. Os caracteres são retirados da Internet. A outra parte dos dados suplementares é a distância entre as teclas. As distâncias calculadas entre as chaves baseiam-se no esquema definido. Nesta tese, são necessárias duas matrizes de dados, CTF e distância, para modelar a nova disposição do teclado.

5.1.1 Matriz de fluxo

Em primeiro lugar, a transição da frequência dos caracteres é um passo muito importante para modelar o teclado com caneta (Shieh & Lin, 1999). A língua turca tem 29 letras, que são apresentadas de seguida;

Set of Turkish Language= {a, b, c, ç, d, e, f, g, ğ, h, ı, i, j, k, l, m, n, o, ö, p, r, s, ş, t, u, ü, v, y, z}

Por exemplo, o texto obtido é "GÜZEL YAZ". A separação de cada carácter é G-Ü- Z-E-L-Barra de Espaços-Y-A-Z. Após este passo, determine o número de frequência de um carácter para outro. Algumas frequências são "1" e outras são "0" na matriz superior. Isto significa que "G-Ü" é apresentado, mas "Ü-G" não é apresentado. A maioria dos textos específicos são considerados para estabelecer a CTF. Em alguns estudos, a CTF é designada por frequência de dígrafos. Os dígrafos desta frase são |GÜ|, |ÜZ|, |ZE|, |EL|, |L |, | Y|, |YA|, |AZ|

respetivamente.

Os dados suplementares para estabelecer a matriz CTF são um passo muito importante para a modelação da disposição do teclado com caneta. Os sítios de blogues são utilizados para estabelecer a matriz de fluxo. Existem 150.995 palavras ou 985.323 dígrafos de textos de referência que foram pesquisados e analisados em sítios de blogues.

O programa utilizável separa os dígrafos das palavras. Este programa existe a matriz de fluxo utilizando os textos de todos os sítios de blogues. Estes textos existem em diferentes âmb tos e são codificados em linguagem MATLAB. Os caracteres não utilizáveis na língua turca são ignorados durante a pesquisa e a análise. Estes caracteres ignorados são os seguintes;

Conjunto de caracteres ignorados= {q, w, x, barra de espaço}

Estes caracteres ignorados são fixados na nova disposição do teclado. A localização da barra de espaços não é alterada de acordo com a disposição tradicional do teclado. Os dígrafos que contêm a barra de espaço são ignorados ao estabelecer a matriz de fluxo. De acordo com o exemplo, os dígrafos de ￨ L ￨, ￨ Y ￨ são ignorados ao estabelecer a matriz de fluxo porque a localização da barra de espaço é fixa nesta tese. Portanto, estes digrafos não devem ser calculados ao estabelecer a matriz de fluxo.

Na literatura, uma matriz de fluxo é geralmente simétrica (Li et al., 2006). Mas a matriz de fluxo do problema TFSKL é assimétrica nesta tese. Porque os valores de |GÜ| e |ÜG| não são os mesmos nos textos. Se a matriz de fluxo fosse simétrica, os valores de relação destes digrafos seriam os mesmos. O resultado desta pesquisa, estabeleceu uma matriz assimétrica de 29x29 dimensões para a língua turca. Por conseguinte, o estudo com estes números é muito difícil. A tabela 5.1 apresenta a matriz de fluxo assimétrico. Algumas das relações têm o valor "0". Por conseguinte, não existem quaisquer relações entre estes caracteres.

5.1.2 Matriz de distância

Na literatura, a maior parte dos estudos utiliza a lei de Fitt para calcular o tempo de deslocação ao calcular a distância entre duas chaves. Esta técnica da Lei de Fitts é utilizada para a aplicação de testes empíricos (Hughes et al., 2002). Nesta tese, os testes empíricos não podem ser utilizados para calcular os valores da distância matricial. Por conseguinte, nesta tese, a matriz de distância é calculada utilizando o teorema da distância euclidiana. A matriz de distância é estabelecida para calcular a distância entre duas chaves.

$$d = \sqrt{(x_{i-}x_j)^2 + y_{i-}y_j}^{\,2}$$

O teorema da distância euclidiana é apresentado na equação 20. Nesta tese, a forma geométrica do teclado é a forma longitudinal normalizada e os números das 29 letras da língua turca estão distribuídos pelas duas zonas. A matriz de distâncias foi construída com base na forma longitudinal padrão do teclado. Se não houvesse uma localização específica, não se construiria a matriz de distâncias. A nova localização do teclado não pode ser concebida se a matriz de distância não estiver disponível. A nova localização proposta para o teclado é apresentada na Figura 5.3.

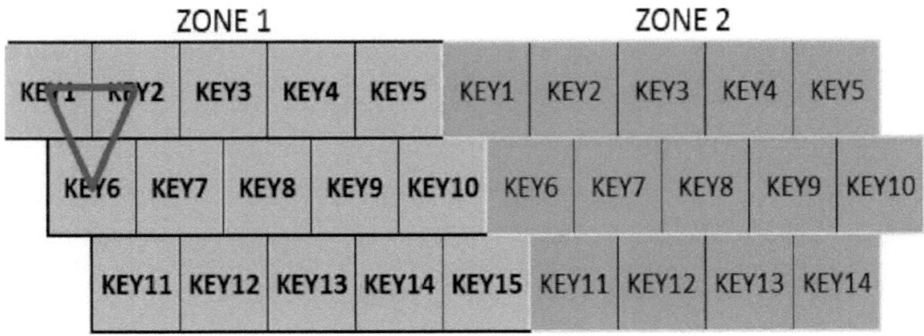

Figura 5.3 Novo layout de teclado proposto.

Esta abordagem permite muitas novas áreas de aplicação para o QAP. Todas as aplicações QAP são concebidas de novo de acordo com este novo desenvolvimento. A principal modificação do QAP de Mete & Agpak (2012) é a conceção do TFSKL. A tabela 5.2 mostra as distâncias entre duas teclas do teclado de dois dedos com caneta. A distância entre duas teclas define uma unidade. Por exemplo, a distância entre a tecla 1 e a tecla 2 define uma unidade. Além disso, a distância entre a tecla 1 e a tecla 6 é de 1,12 unidades.

5.2 Solução do problema de atribuição quadrática

Existem duas etapas para resolver o problema TFSKL. Trata-se da metodologia do algoritmo genético (AG) e do algoritmo exato. O algoritmo genético é codificado em MATLAB (laboratório de matrizes) e o algoritmo exato é codificado no General Algebraic Modeling System (GAMS). Em primeiro lugar, o problema TFSKL é resolvido com a metodologia GA. A solução é obtida a partir do MATLAB. Depois de a solução ter sido retirada do AG, a melhor solução foi dada ao modelo de algoritmo exato como solução inicial para encontrar a solução óptima. O modelo matemático é resolvido com GAMS-Cplex 12.3.

O Cplex é executado durante uma semana. Mas o modelo de algoritmo exato não foi melhorado para encontrar a solução óptima. Por isso, os resultados do AG foram considerados como a melhor solução.

5.3 Modelo proposto para o layout do teclado de dois dedos com caneta stylus

A melhor solução para o problema TFSKL para a língua turca é a seguinte

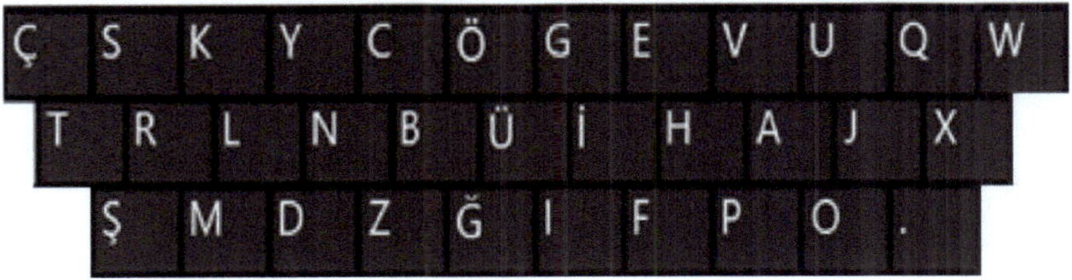

Figura 5.4 Layout de teclado proposto (teclado Ç)

O nome do modelo proposto é teclado Ç para o problema TFSKL. O nome deste teclado vem do seu primeiro carácter. O seu primeiro carácter é Ç. Ao investigar, todos os caracteres de vogais estão localizados no lado direito e o carácter "h" está localizado no centro do lado direito. O significado desta situação é que o carácter "h" é mais utilizado em turco

na língua turca, os caracteres "a ', "i" e "e" estão sobretudo relacionados com o carácter "h".

língua. No outro lado esquerdo, o carácter "l" é utilizado principalmente como carácter consonântico em

Língua turca. Porque o carácter "l" está localizado no centro do lado esquerdo. Os caracteres "k", "m", "n", "d" e "r" estão sobretudo relacionados com o carácter "l" na língua turca.

5.4 Pacotes e módulos extra

Nesta tese, o módulo do pacote de linguagem extra preparado é utilizado para aplicar o teste de usabilidade. O módulo do pacote de linguagem extra é executado em todas as versões do Windows. A versão Android deste teclado Ç é executada com sucesso. Este módulo não requer custos adicionais para ser utilizado e, em segundo lugar, a integração deste módulo é muito fácil no sistema atual.

Figura 5.5 Captura de ecrã da aplicação Microsoft do teclado Ç

Além disso, a aplicação android do teclado Ç foi instalada com êxito. Está pronto a ser utilizado como um teclado virtual. A disposição do teclado Ç é patenteada. Há duas capturas de ecrã da aplicação android do teclado Ç. São as capturas de ecrã vertical e horizontal da Figura 5.6 e da Figura 5.7.

Figura 5.6 Captura de ecrã vertical da aplicação Android do teclado Ç

Figura 5.7 Captura de ecrã horizontal da aplicação Android do teclado Ç

5.5 Análise e comparações de usabilidade

O teclado QWERTY foi concebido para a língua inglesa e o teclado F foi concebido para a língua turca. Se os utilizadores quiserem introduzir rapidamente documentos de texto, devem utilizar um programa de treino para estes teclados. O teclado F tem batido recordes em competições internacionais. Este teclado obteve vinte e cinco recordes e cinquenta e nove campeonatos mundiais. Todos os utilizadores do teclado F utilizaram um programa de formação para se tornarem utilizadores profissionais. Os utilizadores principiantes não conseguem introduzir rapidamente documentos de texto. Não utilizam eficazmente os teclados QWERTY e F. A disposição dos teclados de um só dedo foi concebida para os utilizadores principiantes. Com efeito, os utilizadores principiantes utilizam apenas um dedo para introduzir documentos de texto. Existem muitas disposições de teclados de um só dedo na literatura. Uşşakli (2004) e Soydal (2010) conceberam uma disposição de teclado de dedo único para utilizadores principiantes. O novo teclado longitudinal foi concebido por Soydal (2010) para a língua turca. Nesta tese, a disposição do teclado de dois dedos foi concebida para que os utilizadores principiantes possam introduzir rapidamente documentos de texto.

Existem quatro técnicas para comparar teclados, como se segue;

S valores da função objetivo

Método de simulação dinâmica S

S traçar a curva de aprendizagem

S análise de usabilidade

Estas técnicas são explicadas no Capítulo 2. Nesta tese, são utilizadas técnicas de simulação assistida por computador, de traçado da curva de aprendizagem e de análise da usabilidade para comparar os teclados Q, F e Ç.

5.5.1 Teste demográfico para todos os participantes

O teste demográfico é importante para conhecer o nível dos participantes. Os níveis dos participantes devem ser aproximadamente semelhantes. Porque os níveis de fiabilidade dos resultados do teste devem ser elevados. São colocadas seis perguntas a todos os participantes. Estas perguntas são as seguintes

Q1: Que idade tem?

Q2: Qual é o seu sexo?

Q3: Qual é o seu nível de educação?

Q4: Qual é o seu nível informático?

Q5: Há quantos anos utiliza o computador?

Q6: Quantos dedos utiliza para introduzir texto?

As respostas a estas perguntas são apresentadas na Tabela 5.3. Todos os participantes responderam a todas as perguntas.

Tabela 5.3 Resultados dos testes para todos os participantes

	Q1	Q2	Q3	Q4	Q5	Q6
Participante 1	19	MACHO	ESCOLA SUPERIOR	MODERADO	4	1 ou 2
Participante 2	22	MACHO	UNIVERSIDADE	MODERADO	6	1 ou 2
Participante 3	25	MACHO	UNIVERSIDADE	MODERADO	5	1 ou 2
Participante 4	18	MACHO	ESCOLA SUPERIOR	MODERADO	5	2ou 4
Participante 5	28	MACHO	UNIVERSIDADE	MODERADO	12	2ou 4
Participante 6	18	MACHO	ESCOLA SUPERIOR	MODERADO	6	1 ou 2
Participante 7	24	FEMININO	UNIVERSIDADE	MODERADO	14	4ou 6
Participante 8	22	FEMININO	UNIVERSIDADE	MODERADO	10	2ou 4
Participante 9	23	FEMININO	ESCOLA SUPERIOR	MODERADO	9	2ou 4

A percentagem de escolas secundárias é de cinquenta e a percentagem de universidades é de cinquenta. Estes valores indicam o nível de educação dos participantes. O significado disto é que o nível de educação é cinquenta e cinquenta.

5.5.2 Valores da função objetivo

O método do valor da função objetivo é utilizado para calcular os valores da função objetivo dos teclados Ç, F, Q e Novo Longitudinal. Estas funções objectivas são calculadas utilizando o modelo matemático do novo modelo. As funções objetivo destes teclados são apresentadas no Quadro 5.4. A equação 20 é o valor objetivo do modelo matemático para calcular estes valores dos teclados.

$$2 n n n n$$

$$\min \quad C_{iik} * T_{,j1} * XY_{tmj} * XY_{,,km1} \qquad \qquad 20$$

$$m=1 \; i=1 \; j=1 \; k=1 \; l=1$$

Tabela 5.4 Valores da função objetivo dos teclados

	Ç Teclado	F Teclado	Novo Longitudinal	Teclado Q
Valores objectivos	202,601	310,723	717,326	825,800

O teclado Ç é melhor do que os outros teclados de acordo com o método dos valores da função objetiva. A percentagem de benefícios é de cinquenta e três para o teclado F, duzentos e cinquenta e quatro para o teclado New Longitudinal e trezentos e sete para o teclado Q. O teclado Ç é o dispositivo mais benéfico no mercado dos teclados. O método dos valores da função objetiva demonstra matematicamente esta situação.

5.5.3 Análise de usabilidade

O método de análise da usabilidade é aplicado nesta tese. Antes das experiências, é efectuado um teste de exercício de 10 minutos sem medição do tempo. Os layouts são apresentados aos participantes no software de teste para o sistema Android. É dito aos participantes que "tanto a precisão como a velocidade de digitação são importantes para esta experiência". Além disso, está claramente implícito que as medições de tempo não serão mostradas ao outro sujeito, a fim de evitar uma competição entre os sujeitos. Cada participante recebeu instruções orais que explicavam a tarefa e o objetivo da experiência. Foi-lhes pedido especificamente que procurassem atingir tanto a velocidade de entrada como a precisão. As instruções também indicavam que, se cometessem um erro, essa tentativa seria repetida. Por outras palavras, uma sessão é repetida se o texto digitado nessa sessão tiver caracteres em falta, a mais ou diferentes quando comparado com o material de teste. Assim, após cada sessão, a taxa de erro deve ser zero. Nesta tese, um erro é registado e contado quando o sujeito escreve caracteres a mais, em falta ou incorrectos em relação ao material de teste. O sujeito é instruído a repetir a sessão se tiver cometido um erro. São aplicadas três tarefas para aplicar o teste de usabilidade. A primeira tarefa é um texto escrito específico com 31 palavras e 212 caracteres. A segunda tarefa é um tweet escrito com 20 palavras e 140 caracteres. A terceira tarefa é um texto escrito por correio eletrónico, com 29 palavras e 201 caracteres. Os resultados do teste de usabilidade da tarefa 1 são apresentados na Tabela 5.5 e na Figura 5.8. Os resultados do teste de usabilidade da tarefa 2 são apresentados na Tabela 5.9 e na Figura 5.9. Os resultados do teste de usabilidade da tarefa 3 são apresentados na Tabela 5.13 e na Figura 5.10. O teste T é aplicado para testar a hipótese nula de que as médias de duas populações são iguais.

$H_0: \mu_1 - \mu_2 = 0$

$H_1: \mu_1 - \mu_2 \neq 0$

A Tabela 5.6 mostra que as médias dos teclados Q e F são iguais ou não para a Tarefa 1. A Tabela 5.7 mostra que as médias dos teclados Q e Ç são iguais ou não para a Tarefa 1. A

Tabela 5.8 mostra que as médias dos teclados Ç e F são iguais ou não para a Tarefa 1. A
Tabela 5.10 mostra que as médias dos teclados Q e F são iguais ou não para a Tarefa 2. A
Tabela 5.11 mostra que as médias dos teclados Q e Ç são iguais ou não para a Tarefa 2. A
Tabela 5.12 mostra que as médias dos teclados Ç e F são iguais ou não para a Tarefa 2. A
Tabela 5.14 mostra que as médias dos teclados Q e F são iguais ou não para a Tarefa 3. A
Tabela 5.15 mostra que as médias dos teclados Q e Ç são iguais ou não para a Tarefa 3. A
Tabela 5.16 mostra que as médias dos teclados Ç e F são iguais ou não para a Tarefa 3.

Tabela 5.5 Segundos de introdução de texto para o teclado Ç, teclado F e teclado QWERTY
para a Tarefa 1

	Q	F	Ç
Participante 1	169	529	402
Participante 2	176	317	311
Participante 3	150	446	283
Participante 4	210	477	384
Participante 5	162	510	420
Participante 6	292	403	371
Participante 7	115	250	205
Participante 8	152	398	267
Participante 9	171	365	281
MÉDIA	177,4444	410,5556	324,8889

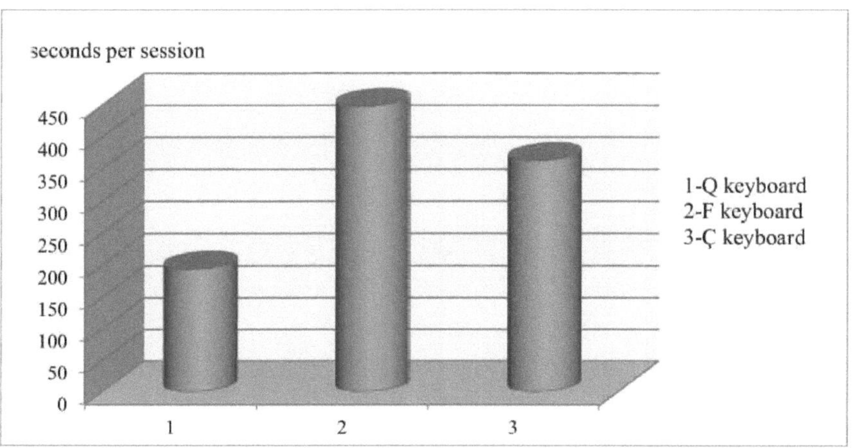

Figura 5.8 Segundos médios para o teclado Ç, teclado F e teclado QWERTY para

51

Tarefa 1

De acordo com a tabela 5.5 e a figura 5.8, o teclado Ç é melhor do que o teclado F em vinte por cento e o teclado Q é melhor do que o teclado Ç em quarenta e cinco por cento. O teclado Q é melhor do que o teclado F a cinquenta e seis por cento. O teclado Q é o melhor teclado porque é o mais conhecido e porque é o teclado mais utilizado de sempre. Por conseguinte, o teclado Q é mais rápido do que o teclado Ç.

Tabela 5.6 Teste t: Amostra de teclado Q e F pressupondo uma variância desigual para a Tarefa 1

	Variável 1	*Variável 2*
Média	177,4444444	410,5555556
Desvio	2479,527778	8301,277778
Observação	9	9
Diferença média hipotética	0	
df	12	
t Estat	-6,735326023	
P(T<=t) unicaudal	1,04369E-05	
t Crítico unicaudal	1,782287556	
P(T<=t) bi-caudal	2,08738E-05	
t Crítico bicaudal	2,17881283	

Aplica-se o teste bicaudal (desigualdade). Se t Stat < -t Critical two-tail ou t Stat > t Critical two-tail, rejeita-se a hipótese nula. Este é o caso, -6,735<-2,178. Portanto, rejeitamos a hipótese nula. A diferença observada entre as médias amostrais (177 - 410) é suficientemente convincente para afirmar que o número médio de segundos para a Tarefa 1 entre os teclados Q e F difere significativamente.

Tabela 5.7 Teste t: Amostra de teclado Q e Ç pressupondo uma variância desigual para a Tarefa 1

	Variável 1	*Variável 2*
Média	177,4444444	324,8888889
Desvio	2479,527778	5276,361111
Observação	9	9
Diferença média hipotética	0	
df	14	
t Estat	■	

		5,022661133
P(T<=t) unicaudal		9,32583E-05
t Crítico unicaudal		1,761310136
P(T<=t) bi-caudal		0,000186517
t Crítico bicaudal		2,144786688

Aplica-se o teste bicaudal (desigualdade). Se t Stat < -t Critical two-tail ou t Stat > t Critical two-tail, rejeita-se a hipótese nula. É o caso, 2,14<5,02. Por conseguinte, rejeitamos a hipótese nula. A diferença observada entre as médias das amostras (177 - 324) é suficientemente convincente para afirmar que o número médio de segundos para a Tarefa 1 entre os teclados Q e Ç difere significativamente.

Tabela 5.8 Teste t: Amostra de teclado F e Ç pressupondo uma variância desigual para a Tarefa 1

	Variável 1	Variável 2
Média	410,5555556	324,8888889
Desvio	8301,277778	5276,361111
Observação	9	9
Diferença média hipotética	0	
df	15	
t Estat	2,205570764	
P(T<=t) unicaudal	0,021715598	
t Crítico unicaudal	1,753050356	
P(T<=t) bicaudal	0,043431195	
t Crítico bicaudal	2,131449546	

Aplica-se o teste bicaudal (desigualdade). Se t Stat < -t Critical two-tail ou t Stat > t Critical two-tail, rejeita-se a hipótese nula. Este é o caso, 2,13<2,20. Portanto, rejeitamos a hipótese nula. A diferença observada entre as médias amostrais (410 - 324) é suficientemente convincente para afirmar que o número médio de segundos para a Tarefa 1 entre os teclados F e Ç difere significativamente.

Tabela 5.5 Segundos de introdução de texto para o teclado Ç, teclado F e teclado QWERTY para a Tarefa 1

Tabela 5.9 Segundos de introdução de texto para o teclado Ç, teclado F e teclado QWERTY para a Tarefa 2

	Q	F	Ç

Participante 1	148	288	201
Participante 2	164	471	388
Participante 3	158	428	372
Participante 4	178	443	309
Participante 5	152	468	361
Participante 6	236	378	327
Participante 7	97	231	140
Participante 8	141	458	346
Participante 9	198	434	338
MÉDIA	163,5556	399,8889	309,1111

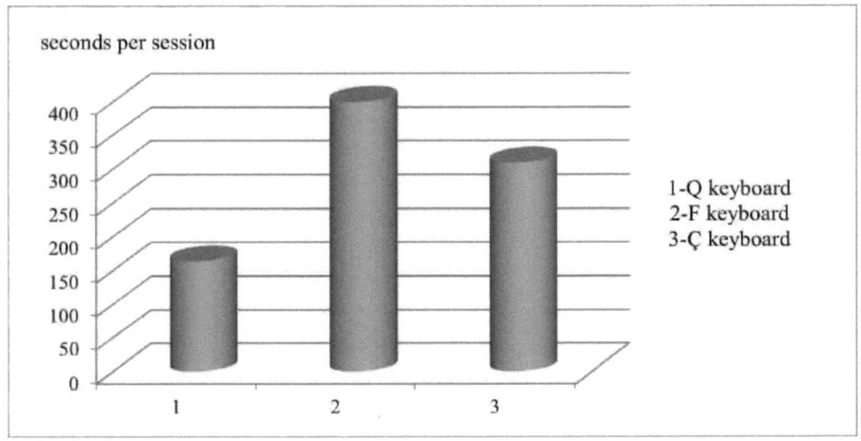

Figura 5.9 Segundos médios para o teclado Ç, teclado F e teclado QWERTY para

Tarefa 2

De acordo com a tabela 5.9 e a figura 5.9, o teclado Ç é melhor do que o teclado F em vinte e dois por cento e o teclado Q é melhor do que o teclado Ç em quarenta e sete por cento. O teclado Q é melhor do que o teclado F em cinquenta e nove por cento. O teclado Q é o melhor teclado porque é o mais conhecido e porque é o teclado mais utilizado de sempre. Por conseguinte, o teclado Q é mais rápido do que o teclado Ç.

Tabela 5.10 Teste t: Amostra de teclado Q e F assumindo uma variância desigual para a Tarefa 2

	Variável 1	Variável 2
Média	163,5555556	399,8888889
Desvio	1498,527778	7300,861111
Observação	9	9
Diferença média hipotética	0	
df	11	
	■	
t Estat	7,558227838	
P(T<=t) unicaudal	5,58166E-06	
t Crítico unicaudal	1,795884819	
P(T<=t) bicaudal	1,11633E-05	
t Crítico bicaudal	2,20098516	

Aplica-se o teste bicaudal (desigualdade). Se t Stat < -t Critical two-tail ou t Stat > t Critical two-tail, rejeita-se a hipótese nula. Neste caso, 2,20<7,55. Portanto, rejeitamos a hipótese nula. A diferença observada entre as médias amostrais (163 - 399) é suficientemente convincente para afirmar que o número médio de segundos para a Tarefa 2 entre os teclados F e Q difere significativamente.

Tabela 5.11 Teste t: Amostra de teclado Q e Ç pressupondo uma variância desigual para a Tarefa 2

	Variável 1	Variável 2
Média	163,5555555	309,1111111
Desvio	1498,527773	6959,111111
Observação	9	9
Diferença média hipotética	0	
df	11	
	-	
t Estat	4,748161385	
P(T<=t) unicaudal	0,000300735	
t Crítico unicaudal	1,795884819	
P(T<=t) bicaudal	0,000601471	
t Crítico bicaudal	2,20098516	

Aplica-se o teste bicaudal (desigualdade). Se t Stat < -t Critical two-tail ou t Stat > t Critical two-tail, rejeita-se a hipótese nula. É o caso de 2,20<4,74. Portanto, rejeitamos a hipótese nula. A diferença observada entre as médias amostrais (163 - 309) é suficientemente convincente para afirmar que o número médio de segundos para a Tarefa 2 entre os teclados

Ç e Q difere significativamente.

Tabela 5.12 Teste t: Amostra de teclado F e Ç assumindo uma variância desigual para a Tarefa 2

	Variável 1	Variável 2
Média	399,8888889	309,1111111
Desvio	7300,861111	6959,111111
Observação	9	9
Diferença média hipotética	0	
df	16	
t Estat	2,280559786	
P(T<=t) unicaudal	0,018308432	
t Crítico unicaudal	1,745883676	
P(T<=t) bicaudal	0,036616863	
t Crítico bicaudal	2,119905299	

Aplica-se o teste bicaudal (desigualdade). Se t Stat < -t Critical two-tail ou t Stat > t Critical two-tail, rejeita-se a hipótese nula. Este é o caso, 2,11<2,28. Portanto, rejeitamos a hipótese nula. A diferença observada entre as médias amostrais (399 - 309) é suficientemente convincente para afirmar que o número médio de segundos para a Tarefa 2 entre os teclados Ç e F difere significativamente.

Tabela 5.13 Segundos de introdução de texto para o teclado Ç, teclado F e teclado QWERTY para a Tarefa 3

	Q	F	Ç
Participante 1	180	596	459
Participante 2	189	437	378
Participante 3	169	574	342
Participante 4	243	547	442
Participante 5	175	597	463
Participante 6	261	422	396
Participante 7	126	376	260
Participante 8	168	521	351
Participante 9	188	466	361
MÉDIA	188,7778	504	383,5556

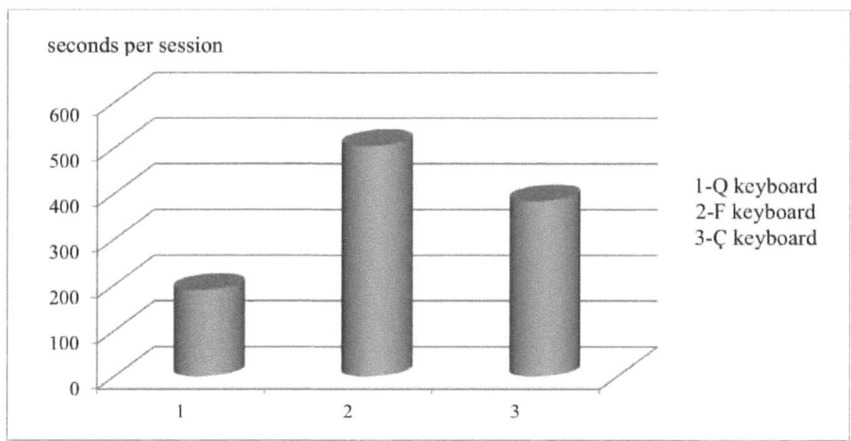

Figura 5.10 Segundos médios para o teclado Ç, teclado F e teclado QWERTY para a Tarefa 3

De acordo com a tabela 5.13 e a figura 5.10, o teclado Ç é melhor do que o teclado F em vinte e três por cento e o teclado Q é melhor do que o teclado Ç em cinquenta por cento. O teclado Q é melhor do que o teclado F a sessenta e dois por cento. O teclado Q é o melhor teclado porque é o mais conhecido e porque é o teclado mais utilizado de sempre. Por conseguinte, o teclado Q é mais rápido do que o teclado Ç.

Tabela 5.14 Teste t: Amostra de teclado Q e F assumindo uma variância desigual para a Tarefa 3

	Variável 1	Variável 2
Média	188,7777778	504
Desvio	1648,444444	6649
Observação	9	9
Diferença média hipotética	0	
df	12	
	-	
t Estat	10,38163855	
P(T<=t) unicaudal	1,19296E-07	
t Crítico unicaudal	1,782287556	
P(T<=t) bicaudal	2,38591E-07	
t Crítico bicaudal	2,17881283	

Aplica-se o teste bicaudal (desigualdade). Se t Stat < -t Critical two-tail ou t Stat > t Critical two-tail, rejeita-se a hipótese nula. Neste caso, 2,17<10,38. Portanto, rejeitamos a hipótese nula. A diferença observada entre as médias amostrais (188-504) é suficientemente convincente para afirmar que o número médio de segundos para a Tarefa 2 entre os teclados Q e F difere significativamente.

Tabela 5.15 Teste t: Amostra de teclado Q e Ç assumindo uma variância desigual para a Tarefa 3

	Variável 1	*Variável 2*
Média	188,7777778	383,5555556
Desvio	1648,444444	4270,777778
Observação	9	9
Diferença média hipotética	0	
df	13	
t Estat	■	
	7,595009807	
P(T<=t) unicaudal	1,96535E-06	
t Crítico unicaudal	1,770933396	
P(T<=t) bicaudal	3,9307E-06	
t Crítico bicaudal	2,160368656	

Aplica-se o teste bicaudal (desigualdade). Se t Stat < -t Critical two-tail ou t Stat > t Critical two-tail, rejeita-se a hipótese nula. É o caso de 2,16<7,59. Portanto, rejeitamos a hipótese nula. A diferença observada entre as médias amostrais (188383) é suficientemente convincente para afirmar que o número médio de segundos para a Tarefa 3 entre os teclados Q e Ç difere significativamente.

Tabela 5.16 Teste t: Amostra de teclado F e Ç assumindo uma variância desigual para a Tarefa 3

	Variável 1	*Variável 2*
Média	504	383,5555556
Desvio	6649	4270,777778
Observação	9	9
Diferença média hipotética	0	
df	15	
t Estat	3,457810011	
P(T<=t) unicaudal	0,001757526	
t Crítico unicaudal	1,753050356	

P(T<=t) bicaudal	0,003515052
t Crítico bicaudal	2,131449546

Aplica-se o teste bicaudal (desigualdade). Se t Stat < -t Critical two-tail ou t Stat > t Critical two-tail, rejeita-se a hipótese nula. Este é o caso, 2,13<3,45. Portanto, rejeitamos a hipótese nula. A diferença observada entre as médias amostrais (188383) é suficientemente convincente para afirmar que o número médio de segundos para a Tarefa 3 entre os teclados F e Ç difere significativamente.

5.5.4 Traçar a curva de aprendizagem

O conceito de Curva de Aprendizagem é motivado pelos investigadores, cada sessão de palavras introduzidas cumulativamente, os segundos necessários para introduzir a palavra mais recente diminuem aproximadamente na mesma percentagem.

A fórmula da curva de aprendizagem é apresentada da seguinte forma;

Seja x - palavras introduzidas cumulativas

y - segundos necessários para entrar na x-ésima sessão

Então, $y = ax^{-}$

em que a e b são parâmetros definidos de seguinte modo:

a - segundos necessários para entrar na 1.ª sessão

b - um valor relacionado com a percentagem associada à Curva de Aprendizagem.

Suponha que a introdução da primeira palavra requer 600 segundos e que existe uma curva de aprendizagem de 80%.

Mais uma vez, vamos

x - palavras acumuladas

y - segundos necessários para entrar na x-ésima sessão

A curva de aprendizagem do teclado Ç é a seguinte

$y = 600x^{-0.744}$

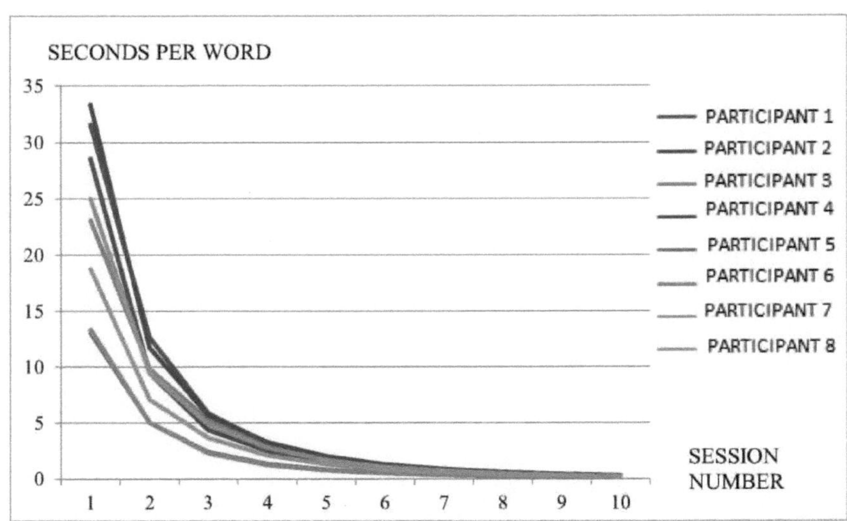

Figura 5.11 Curva de aprendizagem do teclado Ç

Há dez sessões para que ocorra a curva de aprendizagem do teclado Ç. Todos os cinco participantes utilizaram o teclado Ç durante as dez sessões. Mas a curva de aprendizagem do teclado Q é menor do que a do teclado Ç.

Outro teclado é o teclado Q para encontrar a curva de aprendizagem. Suponha que a introdução da primeira palavra requer 600 segundos e que a curva de aprendizagem é de 80%.

Mais uma vez, vamos

x - palavras acumuladas

y - segundos necessários para entrar na x-*ésima* sessão

A curva de aprendizagem do teclado Q é a seguinte

$$y = 600x^{-1.2981}$$

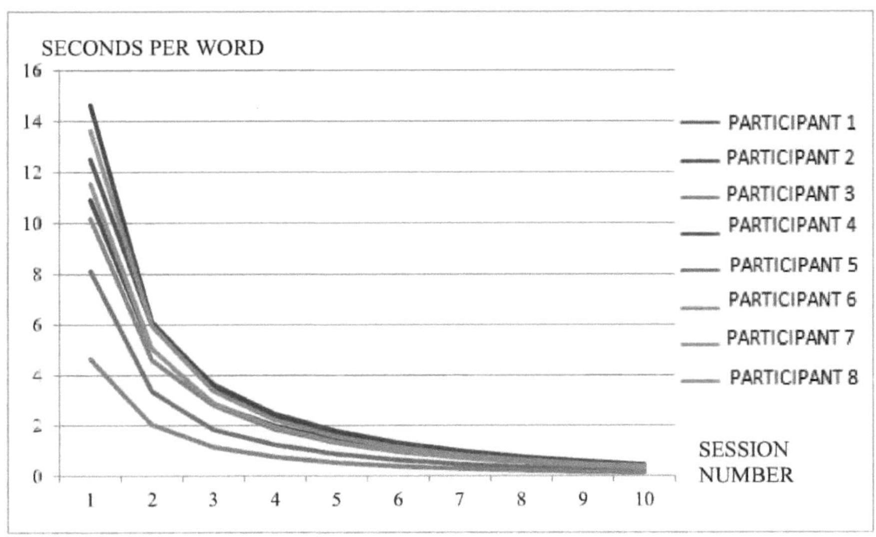

Figura 5.12 Curva de aprendizagem do teclado Q

Foram realizadas dez sessões para que ocorresse a curva de aprendizagem do Q keyboard. Todos os cinco participantes utilizaram o teclado Q durante as dez sessões. Mas a curva de aprendizagem do teclado Q é menor do que a do teclado Ç.

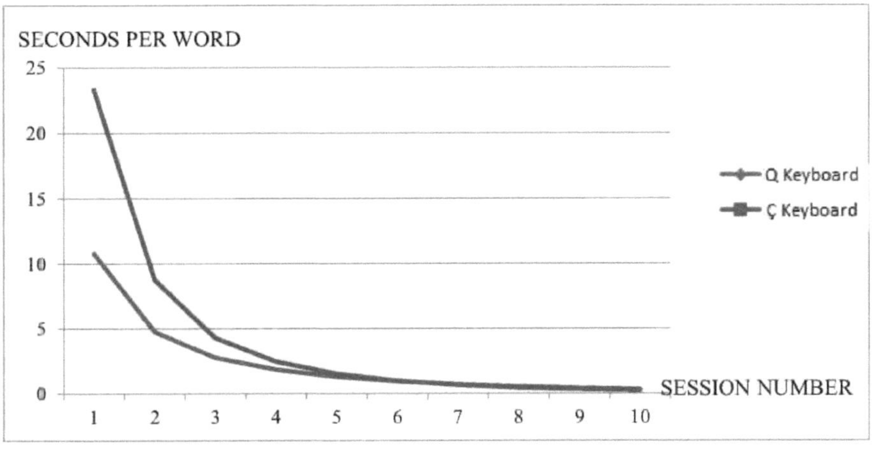

Figura 5.13 Comparação da curva de aprendizagem com o teclado Ç e o teclado Q

A Figura 5.13 mostra a comparação da curva de aprendizagem com o teclado Ç e o teclado Q. As taxas de introdução de texto do teclado Ç aumentaram de forma acelerada em todas as sessões. Por outro lado, a taxa de introdução de texto do teclado Q não aumentou de forma acelerada durante todas as sessões. A Tabela 5.16 mostra os valores da curva de aprendizagem do teclado Q e a Tabela 5.17 mostra os valores da curva de aprendizagem do teclado Ç. Outro critério de comparação importante são as taxas de erro. As taxas de erro do teclado Q são apresentadas na Tabela 5.18 e as taxas de erro do teclado Ç são apresentadas na Tabela 5.19. De acordo com estas tabelas, as taxas de erro do teclado Q são de 2,29 e as taxas de erro do teclado Ç são de 0,64. O significado disto é que o número de palavras com caracteres de erro no teclado Q é superior ao do teclado Ç. Isto deve-se ao facto de os participantes introduzirem rapidamente caracteres que são bem conhecidos no teclado Q. Além disso, os participantes introduzem caracteres lentamente no teclado Ç, mas introduzem caracteres cuidadosamente. Por conseguinte, a taxa de erro do teclado Ç é inferior à do teclado Q. O valor da taxa de erro de alguns participantes é "0" para o teclado Ç. Esta situação é importante para a comparação dos teclados.

CAPÍTULO VI CONCLUSÃO E TRABALHOS FUTUROS

Nesta tese, é concebida uma disposição de teclado com dois dedos para a língua turca. Para conceber a disposição do teclado de dois dedos, é utilizado o modelo QAP de Mete & Agpak(2012). O modelo QAP de Mete & Agpak(2012) não encontrou uma solução óptima para o problema TFSKL num tempo de solução viável. Este modelo QAP é linearizado para resolver o problema TFSKL nesta tese. Devido ao seu carácter NP-difícil, não existe nenhum algoritmo ou técnica que garanta a optimalidade de uma solução proposta. Assim, é aplicada a metodologia do algoritmo genético para resolver o problema TFSKL.

No Capítulo 3, a definição do problema e a formulação matemática do problema de atribuição quadrática são descritas em pormenor. A importância da tese é explicada neste capítulo. O modelo QAP de Mete & Agpak(2012) não é útil para encontrar uma solução óptima. Por conseguinte, é apresentada neste capítulo a forma linear do modelo QAP de Mete & Agpak(2012). Esta forma linear deveria ajudar a resolver o problema TFSKL. Mas este modelo linear não permite encontrar a melhor solução.

No capítulo 4, a abordagem heurística do algoritmo genético é explicada em pormenor. A metodologia e o código-fonte do algoritmo genético são apresentados neste capítulo. Em primeiro lugar, a metodologia do algoritmo genético (GA) é codificada em MATLAB para resolver o TFSKL. O algoritmo genético é executado e a solução encontrada é dada ao modelo QAP linear como solução inicial para encontrar a solução óptima. O modelo QAP linear não consegue encontrar uma solução melhor do que a solução do AG.

No Capítulo 5, é aplicada a disposição do teclado de dois dedos para a língua turca. Nesta secção, são explicados em pormenor os cinco passos do layout do teclado de dois dedos. A primeira etapa da conceção do TFSKL é a suplementação de dados. O suplemento de dados divide-se em duas partes. Uma parte do suplemento de dados é a frequência do número de caracteres. Os caracteres são retirados da Internet. A outra parte do suplemento de dados é a distância entre as chaves e é definida. As distâncias calculadas entre as chaves baseiam-se na disposição definida. O segundo passo da conceção do TFSKL é a solução QAP. O modelo QAP linearizado de Mete & Agpak (2012) é utilizado para resolver o TFSKL. Nesta etapa, é desenvolvido um novo algoritmo genético. O algoritmo genético (GA) encontra uma solução para o TFSKL. Depois de a solução ter sido obtida pelo algoritmo genético, a solução encontrada recebeu o modelo QAP linear como solução inicial para encontrar a solução óptima. Na terceira etapa, é apresentada a TFSKL proposta. Na quarta etapa, o pacote e o módulo extra do teclado proposto podem ser utilizados no computador, nos telemóveis inteligentes Android e nos PDA. O quinto passo da conceção do TFSKL é a análise da usabilidade e as comparações. O teclado Ç, o teclado F e o teclado QWERTY são comparados entre si através de uma análise de usabilidade. De acordo com a análise de usabilidade, o teclado proposto é melhor do que o teclado F. Mas o teclado Ç não é melhor do que o teclado QWERTY. Mas o teclado Ç não é melhor do que o teclado Q, de acordo com o teste de usabilidade. Porque não há pessoas que nunca utilizem o teclado Q. O teclado Ç é melhor do que os teclados Q, F e New Longitudinal de acordo com o método de simulação por computador. Além disso, são aplicados factores de aprendizagem para comparar os teclados QWERTY e Ç. A curva de aprendizagem do teclado Ç é melhor do que a do teclado Q. A curva de aprendizagem do teclado Q quase não aumenta nem diminui. Pelo contrário, a curva de aprendizagem do teclado Ç aumenta de sessão para sessão. Após algum tempo, o teclado Ç será melhor do que o teclado QWERTY.

Para trabalhos futuros, o modelo QAP linearizado pode ser aplicado em áreas de aplicação muito diferentes, como a localização de instalações, a disposição de hospitais ou a análise de dados estatísticos. Além disso, o teclado de dois dedos para a língua turca foi concebido nesta tese. Este TFSKL é concebido para outras línguas. Por exemplo, inglês, francês, espanhol ou italiano. O modelo de limite inferior do QAP linearizado será desenvolvido no futuro. Este modelo de limite inferior é útil para encontrar a solução óptima ou o pior custo possível.

REFERÊNCIAS

Ahmed, Z.H., (2013). Uma nova reformulação e um algoritmo exato para o problema de atribuição quadrática. *Jornal Indiano de Ciência e Tecnologia*. ISSN impresso: 0974-6846, ISSN online: 0974-5645, Vol 6 (4).

Anderson, A.M., Mirka, G.A., & Kaber, D.B., (2009). Análise de teclados alternativos usando curvas de aprendizagem. *HUMAN FACTORS*, Vol. 51, No. 1. fevereiro pp. 35-45.DOI: 10.1177/0018720808329844.

Anstreicher, K., M., (2003). *Avanços recentes na solução de problemas de atribuição quadrática*. Math. Program.97,27-42 Digital Object Identifier (DOI) 10.1007/s10107- 003-0437-z

Bhattacharya, S., Samanta D., & Basu A., (2008). *Erros do utilizador em teclados de digitalização: Estudo empírico, modelo e princípios de conceção*. Interacting with Computers20(3): 406-418.DOI: 10.1016/j intcom.2008.03.002.

Burkard, R.E., & Cela, E., (1996). *Problemas de atribuição quadrática e tridimensional: Uma bibliografia anotada*. In: Dell'Amico, M., Maffioli, F., Martello, S. (Eds.), Annotated Bibliographies in Combinatorial Optimization. Wiley, Chichester, pp. 373-392.

Burkard, R.E., Cela, E., Pardalos, P.M., & Pitsoulis, L., (1998). *O problema da atribuição quadrática*. In: Pardalos, P.M., Du, D.-Z. (Eds.), Handbook of Combinatorial Optimization. Kluwer Academic Publishers, pp. 241-338.

Burkard, R.E., Dell' Amico, M., & Martello, S., (2009). *Assignment Problems*. SIAM, Filadélfia. Chaps. 7-9

Burkard, Rainer E., Karisch, S. E., & Rendi, F., (1997). *QAPLIB - Uma biblioteca de problemas de atribuição quadrática*. Journal of Global Optimization 10: 391-403.

Cassingham, R.C., (1986). *The Dvorak Keyboard: the Ergonomically Designed Typewriter, Now An American Standard*. Freelance Communications, Arcata, Califórnia.

Cela, E., (1998). *The Quadratic Assignment Problem: Theory and Algorithms*. Kluwer.

Cooper, W.E., (1983). *Cognitive aspects of skilled typewriting*. Springer-Verlag: Nova Iorque.

Dejam, S., Sadeghzadeh, M., Mirabedini, S.J., (2012). *Combinando Algoritmos de Cuco e*

Tabu para Resolver Problemas de Atribuição Quadrática. Journal of Academic and Applied Studies Vol. 2(12), pp. 1- 8.

Dell'Amico, M., DiazDiaz, J.C., Iori, M., & Montanari, R., (2009). *O problema da disposição do teclado com um só dedo*. Computers & Operations Research 36 (2009) 3002 - 3012. doi:10.1016/j.cor.2009.01.018.

Drezner, Z., Hahn, P.M., & Taillard, E., D., (2005). O que é que *o sistema de gestão de riscos tem a ver com o seu funcionamento?* Annals ofOperations Research 139, 65-94.

Drira, A., Pierreval, H., & Hajri-Gabouj, S., (2007). *Problemas de disposição das instalações: A survey.* Annual Reviews in Control 31 255-267. www.elsevier.com/locate/arcontrol.

Dvorak, A., Merrick, N.L., Dealey, W.L., & Ford, G.C., (1936). *Typewriting Behavior.* NewYork: AmericanBookCompany.

Eggers, J., Feillet, D., Kehl, S., Wagner, M.O., & Yannou, B., (2003). *Otimização do problema da disposição dos teclados utilizando um algoritmo de colónia de formigas*. Jornal Europeu de Investigação Operacional 148 (3), 672-686.

Filgueiras E., Soares M., & Rebelo F., (2008). *Design do teclado? Avaliação do comportamento postural durante a interação com teclados e máquinas de escrever.* Conferência: AEI2008 - 2ª. Conferência Internacional de Factores Humanos Aplicados e Ergonomia.

Fitaly, (2013). *O teclado fitaly de um dedo*. http://www.fitaly.com/fitaly/fitaly.htm (Acedido em outubro de 2013).

Francis, G., & Oxtoby, C., (2006). *Construção e teste de teclados optimizados para a introdução de texto específico. HUMAN FACTORS,* Vol. 48, No. 2, pp. 279-287. Sociedade de Factores Humanos e Ergonomia.

Galen, G.P., Liesker, H., & Hann, A., (2007). *Efeitos da conceção de um teclado vertical no desempenho da dactilografia, no conforto do utilizador e na tensão muscular.* Applied Ergonomics volume 38 números 1 páginas 99-107.

Gambardella, L.M., Taillard, E.D., & Dorigo, M., (1999). *Colónias de formigas para o QAP.* Journal of Operation Research Society 50, 167-176.

Getschow, C.O., Rosen, M.J., & Trepagnier, G., (1986). *Uma abordagem sistemática para conceber um teclado alfabético de distância mínima.* Em Actas da RESNA (Sociedade de Engenharia de Reabilitação da América do Norte) 9ª Conferência Anual. Minneapolis, Minnesota. p. 396-398.

Gong, T., & Tuson, A., L., (2007). *Particle Swarm Optimization For Quadratic Assignment Problems-A Forma Analysis Approach.* Revista Internacional de Pesquisa em Inteligência Computacional. ISSN 0973-1873 Vol.2, No.X , pp. XXXXXX.

Associação GSM, *Estatísticas GSM, (2013).* Disponível em: <http://www.gsma.com/rcs/statistics>.

Hahn, P.M., Kim, B., Guignard, M., Smith, J.M., & Zhu, Y., (2008). *Um algoritmo para o problema de atribuição quadrática generalizada.* Comput Optim Appl 40: 351-372 DOI 10. 1007/s10589-007-9093-1.

Hogg, N. A., (2010). *Conceção de teclados de polegar: Desempenho, esforço e cinemática.* Uma tese apresentada à Universidade de Waterloo em cumprimento do requisito de tese para o grau de Master of Science In Kinesiology.

Holland, J., (1975). *Adaptation in Natural and Artificial Systems (Adaptação em sistemas naturais e artificiais).* The University of Michigan Press, Ann Arbor.

Hong, G., (2013). *Um algoritmo híbrido de colônia de formigas para o problema de atribuição quadrática.* Jornal Aberto de Engenharia Eléctrica e Eletrónica, 7, (Suplemento 1: M5) 51-54.

Hsiao, H., Wu, F., & Hsu, C., (2013). *Conceção e avaliação de teclados QWERTY pequenos e lineares.* Applied Ergonomics (http://dx.doi.0rg/lO.lOl6/j.apergo. 2013.09.001).

Huang, Y., & Wu, F., (2012). *NineType: Um design ergonómico de teclado ambíguo.*

Hubert, L., J., (1987). *Métodos de atribuição em análise combinatória de dados.* Marcel Dekker Inc. Nova Iorque. Journal of Educational Statistics Vol.14, No.1, primavera. Associação Americana de Investigação Educacional.

Hughes, D., Warren, J., & Buyukkokten, O., (2002). *Tabelas Empíricas de Bi-Ação: Uma ferramenta para a avaliação e otimização de sistemas de introdução de texto.* Aplicação I: Teclados Stylus. Interação Humano-Computador, Volume 17, pp. 271-309.

James, T., Rego, C., & Glover, F., (2009). *Estratégias de busca tabu multi-início e diversificação para o problema de atribuição quadrática.* IEEE Trans. Syst. Man Cybern., Parte A, Syst. Hum.39, 579-596

Jhonson, D.S., & Garey, M.R., (1979). *Computers and intractability: a guide to the theory of NP-completeness.* Freeman, Nova Iorque.

Ji, P., Wu, Y., & Liu, H., (2006). *Um método de solução para o problema de atribuição quadrática (QAP).* O Sexto Simpósio Internacional de Investigação Operacional e suas Aplicações (ISORA'06), Xinjiang, China, agosto, 106-117.

Karat, C. M., Halverson, C., Horn, D., & Karat, J., (1999). *Patterns of entry and correction in large vocabulary continuous speech recognition systems.* in Proc. Da CHI'99: Conferência ACM sobre Factores Humanos em Sistemas Informáticos. Pittsburgh, PA, EUA p.568-574.

Karisch, S. E., Gotemburgo, Cela, E., Graz, Clausen, J., Copenhaga, Espersen, T., & Glostrup, (1999). *A Dual Frameworkfor Lower Bounds of the Quadratic Assignment Problem Based on Linearization.* Computing 63, 351-403.

Koopmans, T.C., & Beckman, M., (1957). *Assignment problems and the location of economic activities.* Econometrica 25,53-76.

Kratica, J., Tosic, D., Filipovic, V., & Dugosija, D., (2011). A *New Genetic Representation for Quadratic Assignment Problem.* Jornal Jugoslavo de Pesquisa Operacional 21, Número 2, 225-238 DOI: 10. 2298/YJOR1102225K.

Kristensson, P., & Zhai, S., (2005). *Relaxing Stylus Typing Precision by Geometric Pattern Matching. IUI 05,* 10-13 de janeiro de 2005, San Diego, Califórnia, EUA. Copyright 2004 ACM 1-58113-894-6/05/0001.

Kudelska, I., (2012). *Métodos de utilização da solução do problema de atribuição quadrática.* Revista Científica de Logística 8 (3), 177-189.

Lesher, G. W., & Moulton, B. J., (2000). *Um método para otimizar teclados de um só dedo.* In Proceedings of the RESNA 2000 Annual Conference. http://citeseerx.ist.psu.edu/viewdoc/summary?doi=10.1.1.23.7625.

Lewis, J.R., P.J. Kennedy, & LaLomia, M.J. (1999). *Desenvolvimento de um layout de teclas de digitação baseado em digramas para entrada com um único dedo/estilete.* In Proceedings of The Human Factors and Ergonomics Society 43rd Annual Meeting.

Li, Y., Chen, L., & Goonetilleke, R.S., (2006). *Uma abordagem heurística para otimizar a concepção de um teclado para aplicações de digitação com um único dedo.* Jornal Internacional de Ergonomia Industrial, 36(8):695 704.

Loiola, E.M., Abreu, N.M.M., Boaventura-Netto, P.O., Hahn, P., Querido, T, (2007). *Um estudo para o problema de atribuição quadrática.* Jornal Europeu de Investigação Operacional, 176, 657-690.

Lucasius, C.B., & Kateman, G., (1993). *Compreender e utilizar algoritmos genéticos. Parte 1. Conceitos, propriedades e contexto.* Chemometrics and Intelligent Laboratory Systems 19:1-33.

MacKenzie, I. S., & Soukoreff, R. W., (2002). *Entrada de texto para computação móvel: Modelos e métodos, teoria e prática.* Human-Computer Interaction, 17,147198.

MacKenzie, I.S. & Zhang, S.X., (1999). *O design e a avaliação de um teclado virtual de alto desempenho.* Em Actas da CHI'99: Conferência da ACM sobre Factores Humanos em Sistemas Informáticos. p. 25-31.

Malik, S., & Findlater, L., (2013). *Introdução de pontuação em teclados com ecrã tátil: Analisar a frequência de utilização e os custos de mudança de modo.* Universidade de Maryland, College Park. HCIL-2013-17.

Malucelli, F., (1993). *Problemas de atribuição quadrática: Métodos de solução e aplicações.* Tese de doutoramento: TE-9/93. Universidade de Pisa, Genova-Udine.

Mateus, G. R., Resende, M.G.C., Silva, R.M.A., (2011). *GRASP com path-relinking para o problema de atribuição quadrática generalizada.* J Heuristics 17:527-565 DOI 10.1007/s10732-010-9144-0.

Mete, S. & Agpak, K. (2012). Design of Virtual Complete Turkish Keyboard, *ECCO 2012-25th Conference of Europan Chapter on Combinatorial Optimization*, Antalya, April 26-28 2012.

Misevicius, A., (2012). *Uma implementação do algoritmo de busca tabu iterado para o problema de atribuição quadrática.* OR Spectrum 34: 665-690 DOI: 10.1007/s00291- 011-0274-z.

Muenvanichakul, S., & Charnsethikul, P., (2012). *Duas reformulações para o problema de atribuição quadrática dinâmica.* Jornal de Matemática e Estatística 6 (4): 449-453, ISSN

1549-3644.

Munapo, E., (2012). *Reduzir o número de novas restrições e variáveis num problema de atribuição quadrática linearizada*. Jornal Africano de Investigação Agrícola Vol. 7(21),pp. 3147-3152.

Nehi H., M., & Gelareh, S., (2007). A *Survey of Meta-Heuristic Solution Methods for the Quadratic Assignment Problem*. Applied Mathematical Sciences, Vol. 1, no. 46, 2293-2312.

Norman, D.A., & Fisher, D., (1982). *Porque é que os teclados alfabéticos não são fáceis de utilizar: A disposição do teclado não é muito importante*. Human Factors 24 (5), 509-519.

Nyberg, A., & Westerlund, T., (2012). *Uma nova reformulação linear discreta exacta do problema de atribuição quadrática*. Jornal Europeu de Investigação Operacional 220, 314-319.

Nyberg, A., Westerlund, T., & Lundell, A., (2013). *Reformulações discretas aprimoradas para o problema de atribuição quadrática*. Integração de técnicas de IA e OR na programação de restrições para problemas de otimização combinatória. Notas de aula em Ciência da Computação. Volume 7874. pp 193-203.

Oommen, B.J., Valiveti, R.S. & Zgierski, J. R., (1991). *Uma solução de aprendizagem adaptativa para o problema de otimização do teclado*. Submetido para publicação.

Ozkal, C., Figlali, A., (2013). *Avaliação do desempenho do algoritmo de colónia de formigas multiobjectivo em problemas de atribuição quadrática biobjectiva*. Applied Mathematical Modelling 37, 7822-7838.

Pardalos, P.M., Rendl, F., & Wolkowicz, H., (1994). *O problema da atribuição quadrática: um estudo e desenvolvimentos recentes*. In: Pardalos, P.M., Wolkowicz, H. (eds.) Quadratic Assignment and Related Problems. Série DI-MACS sobre Matemática Discreta e Ciência Teórica da Computação, vol. 16, pp. 1-42. Am. Math.Soc., Baltimore.

Paul, G., (2011). *Uma implementação eficiente da heurística de pesquisa tabu robusta para problemas de atribuição quadrática esparsa*. Jornal Europeu de Investigação Operacional 209,215-218.

Paulo, G., (2012). *Uma implementação de GPU da Heurística de Recozimento Simulado para o Problema de Atribuição Quadrática*. arXiv: 1208.2675v1 [cs.DC].

Povh, J., & Rendl, F., (2009). *Relaxamentos copositivos e semidefinidos do problema de atribuição quadrática*. Discrete Optimization 6, 231-241.

Ramkumar, A. S., Ponnambalam, S. G., & Jawahar, N., (2009). *Um sistema de formigas híbrido de base populacional para formulações de atribuição quadrática na conceção da disposição das instalações*. Int J Adv ManufTechnol, 44: 548-558 DOI 10.1007/s00170-008-1849-y.

Rempel, D., Barr, A., Brafman, D., & Young, E., (2007). *O efeito de seis designs de teclado nas posturas do pulso e do antebraço*. Applied Ergonomics 38, 293-298 doi: 10.1016/j.apergo.2006.05.001.

Rendi, F., & Sotirov, R., (2007). *Limites para o problema de atribuição quadrática usando o método de feixe*. Math. Program., Ser. B 109:505-524 DOI 10.1007/s10107-006- 0038-8.

Resende, M. G. C., Ramakrishnan, K. G., Drezner, Z., (1995). *Computação de limites inferiores para o problema de atribuição quadrática com um algoritmo de ponto interior para programação linear*. Oper. Res. *43*, 781-791.

Sarcar S., Ghosh S., Saha P., K., & Samanta D., (2010). *Design de teclado virtual: Estado da arte e questões de investigação*. Procedimentos do Simpósio de Tecnologia do Estudante IEEE 2010.

Sartaj, S., & Gonzalez, T., (1976). *Problemas de Aproximação P-Completa*. Journal of the ACM (JACM) 23, no. 3. 555-65.

Sears, A., Jacko, J.A., Chu, J., & Moro, F., (2001). *O papel da pesquisa visual na conceção de teclados electrónicos eficazes*. Comportamento e Tecnologia da Informação, 20(3): p. 159-166.

Shahbazi, H., (2013). *Problema de atribuição quadrática*. Jornal da Ciência Americana; 9(8).

Shieh, K., & Lin, C., (1999). *Um modelo quantitativo para a conceção da disposição do teclado*. Percetual and Motor Skills 88 (1), 113-125.

Smith, B.A., & Zhai, S., (2001). *Teclados virtuais optimizados com e sem ordenação alfabética - um estudo com utilizadores principiantes. In proceedings of INTERACT' 2001 - IFIP TC13 International Conference on Human-Computer Interaction, Tóquio, Japão, p92-*

Soydal, M., (2010). *Designing Optimum Stylus Keyboard Layout for Turkish Language Using a Decomposition-Based Heuristic*. Programa de Pós-Graduação em Engenharia Industrial, Universidade de Bogaziçi.

Taillard, E., (1991). *Robust taboo search for quadratic assignment problem*. Parallel Computing 17,443-455.

Tittiranonda, P., Rempel, D., Armstrong, T., Burastero, S., (1999). *Efeito de quatro teclados de computador em utilizadores de computadores com perturbações músculo-esqueléticas dos membros superiores*. Am. J. Ind. Med. 35, 647-661.

Tosun, U., Dokeroglu, T., & Cosar, A., (2013). *Um Algoritmo Genético Paralelo de Ilha robusto para o Problema de Atribuição Quadrática*. International Journal of Production Research, 51:14, 4117-4133, D0I:10.1080/00207543.2012.746798.

Trudeau, M.B., Catalano, J.P., Jindrich, D.L., & Dennerlein, J.T., (2013). *A configuração do teclado do tablet afeta o desempenho, o desconforto e a dificuldade da tarefa para digitar o polegar em uma pegada de duas mãos*. PLos ONE 8(6): e67525. Doi: 10.1 371 □ journal.pone.0067525.

Tomasz, D., G., (2006). *Algoritmos Genéticos*. Referência Vol.1. Crossover para problemas de otimização numérica de objetivo único. Tomasz Gwiazda, Lomianki. ISBN 83923958-3-2.

Tsutsui, S., Fujimoto, N., (2009). *Solving Quadratic Assignment Problems by Genetic Algorithms with GPU Computation (Resolução de problemas de atribuição quadrática por algoritmos genéticos com computação GPU): A Case Study*. GECCO'09, 8-12 de julho de 2009, Montréal Québec, Canadá. Copyright 2009 ACM 978-1-60558-505-5/09/07.

Uşşakli, S., (2004). *Otimização do desempenho do teclado virtual turco*. Uma tese apresentada ao departamento de Engenharia Informática e ao Instituto de Engenharia e Ciência da Universidade de Bilkent.

Wagner, M., Yannou, B., Kehl, S., Feillet, D., & Eggers, J., (2001). *Modelação ergonómica e otimização da disposição do teclado com um algoritmo de otimização de colónias de formigas*. Relatório técnico CER 01-02 A, Laboratoire Productique Logistique, Ecole Centrale Paris. Disponível em <http://www.pl.ecp.fr/feillet>.

Wagner, M.O., & Kehl, S., (2000). *Modeelização e otimização da reepartição das letras num teclado digital*. Projeto científico aplicado, Laboratoire Productique Logistique, Ecole

Centrale Paris. Limayem

Walker, C. P., (2003). *Evolução de um teclado mais optimizado*. Projeto de curso: Introdução à computação evolutiva. Universidade de Ciência e Tecnologia do Missouri.

Yin, P. Y., & Su, E. P., (2011). *Cyber Swarm optimization for general keyboard arrangement problem*. Revista Internacional de Ergonomia Industrial 41, 43-52.

Zhai, S., Hunter, M., & Smith, B.A., (2000). *The Metropolis Keyboard - an exploration of quantitative techniques for virtual keyboard design*. in Proceedings of The 13th Annual ACM Symposium on User Interface Software and Technology (UIST). San Diego, Califórnia: ACM. p. 119-218.

Zhai, S., Sue, A., & Accot, J., (2002b). *Modelo de Movimento, Distribuição de Hits e Aprendizagem no Teclado Virtual*. Computer Human Interactions, 17-24.

Zhai, S., Hunter, M., & Smith, B., (2002a). *Otimização do desempenho de teclados virtuais*. Human-Computer Interaction 17 (2-3), 229-269.

Zhang, H., Beltran-Royo, C., & Constantino, M., (2010). *Reduções efectivas de formulação para o problema de atribuição quadrática* Computers & Operations Research 37,2007-2016.

APÊNDICE A. FREQUÊNCIA DE TRANSIÇÃO DE CARACTERES (CTF) OU MATRIZ DE FLUXO PARA A LÍNGUA TURCA

Table 5.1 Character Transition Frequence (CTF) of Flow Matrice for Turkish Language

	A	B	C	Ç	D	E	F	G	Ğ	H	I	İ	J	K	L	M	N	O	Ö	P	R	S	Ş	T	U	Ü	V	Y	Z
A	459	2728	1403	914	4589	20	1046	305	1711	2591	4	580	289	7160	8505	4515	15490	98	0	2142	16610	4276	2972	4766	133	3	1425	5414	2239
B	4144	50	5	0	40	2856	2	0	0	5	283	10564	5	18	194	0	14	979	510	1	226	4	0	8	4139	700	0	24	29
C	2722	10	29	0	9	3307	0	1	0	426	485	947	0	264	112	8	3	409	2	1	210	3	0	49	1067	133	4	12	3
Ç	1173	60	0	2	0	1706	0	3	0	0	1069	2384	0	58	294	303	1	1732	73	0	16	18	0	161	93	311	0	83	0
D	11666	5	5	0	268	11085	6	16	0	20	2676	5376	22	7	78	9	7	1271	523	5	336	73	0	10	2218	1341	30	57	14
E	301	1421	2036	972	3205	140	326	128	2010	1082	17	134	22	6155	6090	3510	11926	119	0	411	16483	3746	1188	4207	167	2	1446	4103	1597
F	1402	3	4	21	4	932	65	4	0	2	342	969	2	12	282	4	0	309	17	1	170	37	1	253	111	22	0	18	0
G	644	2	0	0	36	4310	0	46	0	84	223	2971	0	159	112	9	21	218	1471	2	326	22	0	9	562	1687	0	7	14
Ğ	470	6	1	0	64	660	0	0	0	0	2069	2784	0	0	570	134	0	7	0	0	551	7	1	2	1499	182	0	0	10
H	4732	169	2	77	13	1832	2	0	0	1	127	1839	0	8	103	97	79	705	0	3	455	107	27	311	226	42	158	27	7
I	3	41	393	41	377	1	44	2	1215	7	10	1	0	2401	2759	1998	9555	1	0	389	2783	858	2008	168	0	1	49	1706	2518
İ	293	941	433	2336	1303	201	454	221	1634	499	2	77	78	3820	8837	3150	14428	195	0	943	10343	3357	2110	1839	18	0	415	4347	5462
J	173	8	0	0	16	100	6	0	0	0	100	164	1	0	97	0	1	44	5	1	1	0	0	0	43	0	0	5	0
K	7439	41	5	358	60	3658	7	7	0	190	1718	3991	0	418	4119	395	120	2169	346	23	331	837	102	1963	1703	807	40	87	18
L	16449	150	215	71	2567	14020	18	929	0	29	4579	7930	8	999	2111	2949	100	705	6	29	7	377	0	685	2701	1008	51	312	36
M	8608	297	99	2	576	6565	10	28	0	32	1923	3258	0	261	1076	103	34	597	9	235	38	289	23	20	1385	1040	11	100	69
N	4141	220	1617	138	7844	5815	90	1147	1	48	5615	6214	33	460	3760	971	331	619	7	8	457	1158	43	1204	2472	946	25	689	196
O	63	235	698	87	495	20	223	206	919	109	0	36	108	2388	6638	567	3845	181	0	498	6280	767	181	1209	264	0	117	572	171
Ö	0	30	12	16	127	0	20	3	227	3	0	0	0	69	557	42	1494	0	0	107	1186	167	39	130	0	0	61	595	820
P	2199	1	9	28	4	671	0	3	0	103	676	551	0	40	849	252	5	643	0	35	450	220	2	255	280	135	0	26	2
R	7898	201	522	476	2882	5415	98	441	0	109	5045	8689	55	2369	3236	1832	507	1243	38	121	130	1962	326	1619	2404	915	200	170	70
S	4946	45	141	7	16	3932	127	6	0	167	4173	5340	3	350	662	230	100	1792	333	263	69	317	0	3656	1369	698	84	425	64
Ş	1579	11	1	28	1	2068	135	11	0	35	1725	1131	0	415	981	602	14	44	63	2	2	57	2	1162	312	356	190	60	1
T	6458	33	22	224	38	5246	97	15	0	263	2621	3990	5	268	1901	1177	52	1365	72	26	1017	272	0	940	1558	1265	19	59	15
U	227	202	356	330	331	183	65	92	1197	188	1	51	11	1141	3061	1797	4718	10	0	435	3339	770	672	911	10	0	153	1531	1818
Ü	0	75	295	260	84	4	72	0	167	5	0	7	2	1104	1166	873	3255	0	0	163	1773	446	656	328	0	0	124	702	1816
V	2492	14	63	0	111	5475	0	31	0	13	26	1060	0	42	172	35	4	85	0	0	365	147	10	1	246	49	13	31	1
Y	9093	93	50	0	527	4898	98	375	0	57	1893	1847	0	115	1971	136	400	5135	154	14	354	396	4	44	812	1023	85	25	3
Z	1778	98	177	3	861	2861	0	241	0	3	1028	2265	1	13	1020	371	19	280	3	2	6	77	0	1	420	206	1	227	156

APÊNDICE B. DISTÂNCIAS ENTRE DUAS TECLAS DA DISPOSIÇÃO DO TECLADO DE DOIS DEDOS COM CANETA STYLUS

Table 5.2 Distances between two keys of two fingers stylus keyboard layout.

	1	2	3	4	5	6	7	8	9	10	11	12	13	14	15
1	0	1	2	3	4	1,12	1,8	2,69	3,2	4,61	2,24	2,83	3,61	4,47	5,39
2	1	0	1	2	3	1,12	1,12	1,8	2,69	3,2	2	2,24	2,83	3,61	4,47
3	2	1	0	1	2	1,8	1,12	1,12	1,8	2,69	2,24	2	2,24	2,83	3,61
4	3	2	1	0	1	2,69	1,8	1,12	1,12	1,8	2,83	2,24	2	2,24	2,83
5	4	3	2	1	0	3,2	2,69	1,8	1,12	1,12	3,61	2,83	2,24	2	2,24
6	1,12	1,12	1,8	2,69	3,2	0	1	2	3	4	1,12	1,8	2,69	3,2	4,61
7	1,8	1,12	1,12	1,8	2,69	1	0	1	2	3	1,12	1,12	1,8	2,69	3,2
8	2,69	1,8	1,12	1,12	1,8	2	1	0	1	2	1,8	1,12	1,12	1,8	2,69
9	3,2	2,69	1,8	1,12	1,12	3	2	1	0	1	2,69	1,8	1,12	1,12	1,8
10	4,61	3,2	2,69	1,8	1,12	4	3	2	1	0	3,2	2,69	1,8	1,12	1,12
11	2,24	2	2,24	2,83	3,61	1,12	1,12	1,8	2,69	3,2	0	1	2	3	4
12	2,83	2,24	2	2,24	2,83	1,8	1,12	1,12	1,8	2,69	1	0	1	2	3
13	3,61	2,83	2,24	2	2,24	2,69	1,8	1,12	1,12	1,8	2	1	0	1	2
14	4,47	3,61	2,83	2,24	2	3,2	2,69	1,8	1,12	1,12	3	2	1	0	1
15	5,39	4,47	3,61	2,83	2,24	4,61	3,2	2,69	1,8	1,12	4	3	2	1	0

APÊNDICE C. CURVA DE APRENDIZAGEM DO TECLADO C

Table 5.17 Learning Curve of Q Keyboard

SESSION NUMBER	SESSION TIME	PARTICIPANT 1	PARTICIPANT 2	PARTICIPANT 3	PARTICIPANT 4	PARTICIPANT 5	PARTICIPANT 6	PARTICIPANT 7	PARTICIPANT 8	AVERAGE
	SECONDS	CUMULATIVE ENTERED WORDS	CUMULATIVE ENTERED WORDS	CUMULATIVE ENTERED WORDS	CUMULATIVE ENTERED WORDS	CUMULATIVE ENTERED WORDS	CUMULATIVE ENTERED WORDS	CUMULATIVE ENTERED WORDS	CUMULATIVE ENTERED WORDS	CUMULATIVE ENTERED WORDS
SESSION 1	600	48	55	59	41	74	129	52	44	63
SESSION 2	480	81	95	105	79	143	238	95	81	114
SESSION 3	384	105	133	137	107	211	340	132	113	160
SESSION 4	307,2	125	156	168	130	253	414	161	139	193
SESSION 5	245,76	140	175	190	150	288	474	186	159	220
SESSION 6	196,608	152	192	208	166	317	525	206	176	243
SESSION 7	157,2864	161	205	223	178	340	564	221	190	260
SESSION 8	125,82912	170	215	233	189	359	596	233	200	274
SESSION 9	100,663296	177	223	243	197	375	622	243	209	286
SESSION 10	80,5306368	183	229	250	204	387	642	252	215	295

APÊNDICE D. CURVA DE APRENDIZAGEM DO TECLADO Q

Table 5.16 Learning Curve of Q Keyboard

SESSION NUMBER	SESSION TIME	PARTICIPANT 1	PARTICIPANT 2	PARTICIPANT 3	PARTICIPANT 4	PARTICIPANT 5	PARTICIPANT 6	PARTICIPANT 7	PARTICIPANT 8	AVERAGE
	SECONDS	CUMULATIVE ENTERED WORDS	CUMULATIVE ENTERED WORDS	CUMULATIVE ENTERED WORDS	CUMULATIVE ENTERED WORDS	CUMULATIVE ENTERED WORDS	CUMULATIVE ENTERED WORDS	CUMULATIVE ENTERED WORDS	CUMULATIVE ENTERED WORDS	CUMULATIVE ENTERED WORDS
SESSION 1	600	48	55	59	41	74	129	52	44	63
SESSION 2	480	81	95	105	79	143	238	95	81	114
SESSION 3	384	105	133	137	107	211	340	132	113	160
SESSION 4	307,2	125	156	168	130	253	414	161	139	193
SESSION 5	245,76	140	175	190	150	288	474	186	159	220
SESSION 6	196,608	152	192	208	166	317	525	206	176	243
SESSION 7	157,2864	161	205	223	178	340	564	221	190	260
SESSION 8	125,82912	170	215	233	189	359	596	233	200	274
SESSION 9	100,663296	177	223	243	197	375	622	243	209	286
SESSION 10	80,5306368	183	229	250	204	387	642	252	215	295

APÊNDICE E. TAXAS DE ERRO DO TECLADO Q

Table 5.18 Error Rates of Q Keyboard

	SESSION 1	SESSION 2	SESSION 3	SESSION 4	SESSION 5	SESSION 6	SESSION 7	SESSION 8	SESSION 9	SESSION 10
PARTICIPANT 1	2	3	3	2	4	2	2	2	3	4
PARTICIPANT 2	5	4	4	3	4	3	3	2	3	1
PARTICIPANT 3	4	1	3	3	2	1	3	3	1	4
PARTICIPANT 4	0	3	0	2	1	0	1	2	1	2
PARTICIPANT 5	0	3	4	1	2	3	1	3	2	2
PARTICIPANT 6	3	5	7	6	2	3	4	4	5	5
PARTICIPANT 7	2	4	2	2	3	5	4	5	3	3
PARTICIPANT 8	5	4	3	5	4	2	1	1	4	4
AVERAGE	2,2	2,8	2,8	2,2	2,6	1,8	2	2,4	2	3,125

APÊNDICE E. TAXAS DE ERRO DO TECLADO Ç

Table 5.19 Error Rates of Ç Keyboard										
	SESSION 1	SESSION 2	SESSION 3	SESSION 4	SESSION 5	SESSION 6	SESSION 7	SESSION 8	SESSION 9	SESSION 10
PARTICIPANT 1	0	0	0	0	0	0	0	1	0	0
PARTICIPANT 2	1	3	1	0	0	2	0	0	0	0
PARTICIPANT 3	2	1	0	0	1	1	0	1	1	1
PARTICIPANT 4	0	0	0	0	0	0	0	0	0	0
PARTICIPANT 5	0	0	3	3	0	2	5	3	0	0
PARTICIPANT 6	0	0	0	0	1	1	0	0	1	0
PARTICIPANT 7	0	0	1	0	0	1	0	1	0	0
PARTICIPANT 8	0	0	0	0	0	0	0	0	0	0
AVERAGE	0,6	0,8	0,8	0,6	0,2	1	1	1	0,2	0,2

I want morebooks!

Buy your books fast and straightforward online - at one of world's fastest growing online book stores! Environmentally sound due to Print-on-Demand technologies.

Buy your books online at
www.morebooks.shop

Compre os seus livros mais rápido e diretamente na internet, em uma das livrarias on-line com o maior crescimento no mundo! Produção que protege o meio ambiente através das tecnologias de impressão sob demanda.

Compre os seus livros on-line em
www.morebooks.shop

Printed by Books on Demand GmbH, Norderstedt / Germany